冶金工业出版社

高职高专“十四五”规划教材

# 单元机组集控运行

主编　刘洋　吴晓娜

北京
冶金工业出版社
2024

## 内 容 提 要

本书以大型直流煤粉锅炉发电机组为主，讲述了火力发电机组集控运行的基本概念及常规操作。全书共分四个模块，内容包括绪论、汽轮发电机组系统、锅炉本体及辅助系统、单元机组事故分析及处理。本书涵盖了现代大型火力发电厂运行技术各个方面的内容。

本书可作为高职学校发电运行技术、热能动力工程技术等专业的教材及1+X证书培训辅助教材，也可供火电厂集控运行人员学习参考。

**图书在版编目(CIP)数据**

单元机组集控运行/刘洋，吴晓娜主编.—北京：冶金工业出版社，2024.2

高职高专“十四五”规划教材

ISBN 978-7-5024-9752-1

Ⅰ.①单…　Ⅱ.①刘…　②吴…　Ⅲ.①火电厂—单元机组—集中控制—高等职业教育—教材　Ⅳ.①TM621.3

中国国家版本馆 CIP 数据核字(2024)第 027314 号

**单元机组集控运行**

**出版发行**　冶金工业出版社　　**电　　话**　(010)64027926

**地　　址**　北京市东城区嵩祝院北巷 39 号　　**邮　　编**　100009

**网　　址**　www.mip1953.com　　**电子信箱**　service@mip1953.com

责任编辑　杨　敏　美术编辑　吕欣童　版式设计　孙跃红　郑小利

责任校对　梅雨晴　责任印制　窦　唯

北京印刷集团有限责任公司印刷

2024 年 2 月第 1 版，2024 年 2 月第 1 次印刷

787mm×1092mm　1/16；12.25 印张；292 千字；187 页

**定价 42.00 元**

**投稿电话　(010)64027932　投稿信箱　tougao@cnmip.com.cn**

**营销中心电话　(010)64044283**

**冶金工业出版社天猫旗舰店　yjgycbs.tmall.com**

(本书如有印装质量问题，本社营销中心负责退换)

# 前言

随着科学技术水平的不断提高以及新技术、新工艺、新材料的广泛应用，火力发电技术向高参数、大容量、低排放、智能化方向快速发展。火力发电系统庞大，结构复杂，运行参数繁多且相互关联紧密，一旦操作失误或调整不及时，都可能造成事故发生。

本书在编写中注重满足高职高专教学课程体系的新发展和教学现状，力求创新，在吸收已有教材成果的基础上，结合企业生产规范，避免纯理论讲述，依托现代仿真操作软件，融入实践操作，提升理实一体教学效果。在知识结构上更加适合高职类学生的认知规律及学习习惯，将传统的知识体系按照实际生产过程重新组合，以系统、设备为载体融合启动、调整、事故处理等内容，让学习过程更加贴近真实生产过程，同时采用模块化结构，方便不同的学习者灵活组合学习内容。

本书主要介绍单元机组基本概念、系统操作及事故处理。主要内容包括绪论、汽轮发电机组系统、锅炉本体及辅助系统、单元机组事故分析及处理等内容。书中介绍的内容参考了企业实际生产中的规范以及事故处理程序，使读者能够对实际工作有更真实的体验。

本书由内蒙古机电职业技术学院刘洋、吴晓娜主编，其中模块1由京能（赤峰）能源发展有限公司韩旭瑞与吴晓娜共同编写，模块2和模块3由刘洋编写，模块4由吴晓娜编写。全书最后由刘洋统稿定稿。

本书在编写过程中参考了有关著作、论文等文献资料，得到了许多火电厂企业及相关院校专家的大力支持，在此一并表示感谢！

由于编者水平有限，书中不足和疏漏之处在所难免，敬请广大读者批评指正！

编　者

2023年2月

# 前言

# 目 录

# 模块 1 绪 论

## 任务 1-1 单元机组的概述

### 一、单元机组的概念

随着国民经济的快速发展，对电力的需求迅速增长，为了适应国家节能减排及环保的政策，大容量、高参数、高自动化技术的大型火力发电机组已成为电力发展趋势，其中 600 MW 火电机组在满足电力负荷快速增长的同时具有高经济性、高安全可靠性、低能耗、低污染的特点，已成为我国火力发电厂的主力机型。基于高参数、大容量发电机组的特点，出现了采用单元制系统的发电机组，即单元机组。

单元制系统是相对于母管制系统而言的，在母管制系统中，每台锅炉的出口蒸汽管道都与蒸汽母管互相连通，汽轮机与锅炉之间没有一对一的关系，负荷变化对每台锅炉的影响较小。母管制系统的特点是锅炉的容量较小，蓄热能力比较大，负荷适应能力强。在母管制热力系统中，汽轮机和锅炉的负荷控制系统是各自独立的。汽轮机的调节系统按负荷要求改变调节汽门的开度，锅炉的汽压控制系统按汽压改变燃料量。单元制系统就是一台锅炉直接向所配合的一台汽轮机发电机组供汽，发电机所发出的电功率直接经一台升压变压器送往电力系统，这样组成了炉-机-电纵向联系的独立单元。各单元之间除了公用系统外，无其他横向联系。各单元所需新蒸汽的辅机设备均用支管与各单元的蒸汽总管相连，各单元所需厂用电取自本单元发电机电压母线。因而，其缺点是其中任一主要设备发生故障时，整个单元都要被迫停止运行，而相邻单元之间又不能互相支援，机炉之间也不能切换运行，所以灵活性比起母管制系统要差；系统频率变化时，汽轮机调速汽门开度随之改变，发电机组没有母管的蒸汽容积可以利用，而锅炉热惯性又大，必然引起汽轮机入口汽压的波动，所以发电机组对负荷变化的适应性较差。而优点是：系统最简单，管道最短，发电机电压母线最短，管道附件最少，发电机电压回路的开关电器也最少，投资最节省，系统本身发生事故的可能性也最少，操作方便。所以，新建发电厂装设单机容量为200 MW及以上发电机组时，一般采用机、炉、电单元制系统。图 1-1 所示为单元机组系统图。

### 二、单元机组的分类

#### （一）按压力分类

对于 600 MW 及以上的凝汽式机组，按主蒸汽压力分类见表 1-1。

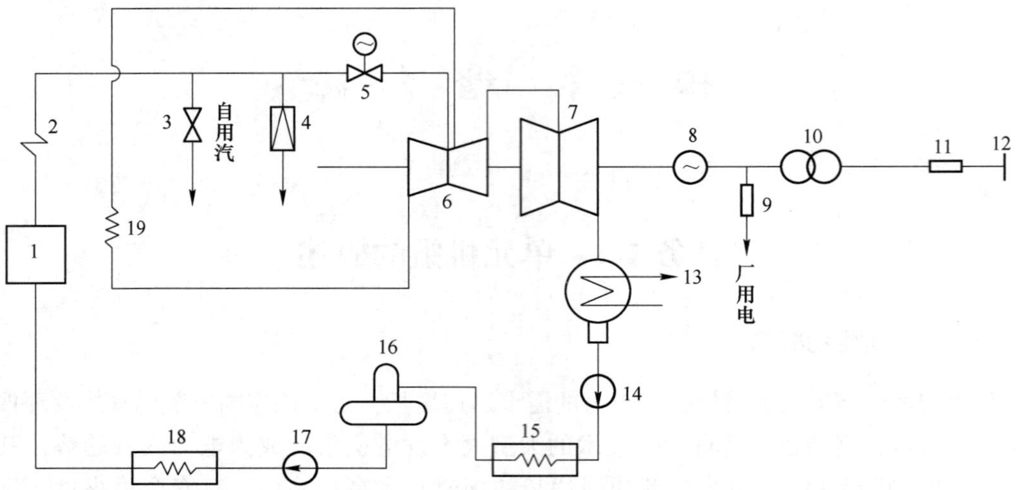


图 1-1　单元机组系统图

1—锅炉；2—过热器；3—阀门；4—减压阀；5—电动主汽阀；6—汽轮机高、中压缸；7—汽轮机低压缸；8—发电机；9—厂用电开关设备；10—升压变压器；11—发电机开关设备；12—母线；13—凝汽器；14—凝结水泵；15—低压加热器；16—除氧器；17—给水泵；18—高压加热器；19—再热器

**表 1-1　单元机组按主蒸汽压力分类表**

| 机组类型 | 主蒸汽压力 | 典型参数 |
|---|---|---|
| 亚临界机组 | 低于临界压力（水蒸气的临界压力为 22.12 MPa，临界温度为 374.15 ℃） | 16.7 MPa/538 ℃/538 ℃ |
| 超临界机组 | 高于临界压力，其主蒸汽压力一般为 24 MPa 左右，主蒸汽和再热蒸汽温度为 538~560 ℃ | 24.2 MPa/566 ℃/566 ℃ |
| 超超临界机组 | 25~31 MPa 及以上，主蒸汽和再热蒸汽温度为 580~600 ℃及以上 | 27 MPa/600 ℃/600 ℃ |

（二）按冷却介质分类

按冷却介质可将凝汽式单元机组分为湿冷机组和空冷机组。湿冷机组以水为冷却介质，分为开式循环和闭式循环；空冷机组以空气为冷却介质，空冷系统有直接空冷系统、带混合式凝汽器的间接空冷系统和带表面式凝汽器的间接空冷系统。

（1）直接空冷系统是指汽轮机的排汽直接用空气冷却，空气与蒸汽之间进行表面式换热。如图 1-2 所示。直接空冷的凝汽设备称为空冷凝汽器（空冷岛）。汽轮机排汽通过排汽管道送到室外的空冷凝汽器内，轴流冷却风机使空气流过其外表面，将排汽冷凝成水，凝结水再经凝结水泵送回汽轮机回热系统。直接空冷系统的优点是：设备少，系统简单，基建投资较少，占地少，空气量的调节灵活。该系统一般与高背压（大于 19.6 kPa）汽轮机配套。这种系统的缺点是：运行时排汽管道密封困难，维持管内的真空困难，启动时建立真空所需时间长。

（2）带混合式凝汽器的间接空冷系统又称海勒式间接空冷系统，系统如图 1-3 所示，

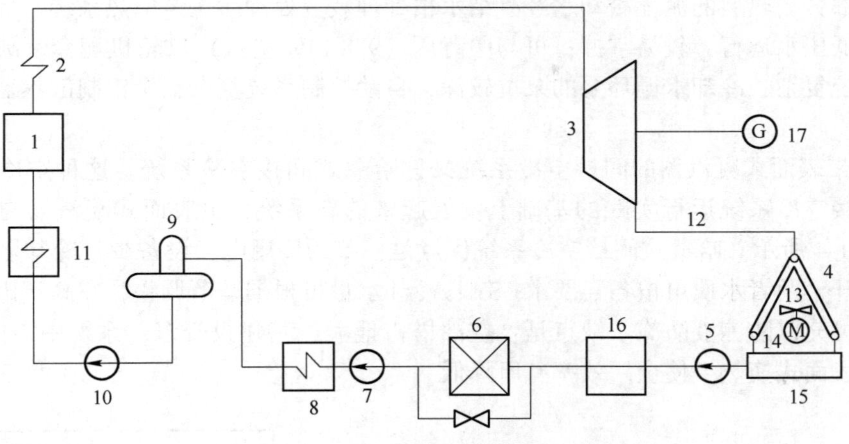


图 1-2　直接空冷机组原则性汽水系统

1—锅炉；2—过热器；3—汽轮机；4—空冷凝汽器；5—凝结水泵；6—凝结水精处理装置；7—凝结水升压泵；8—低压加热器；9—除氧器；10—给水泵；11—高压加热器；12—汽轮机排汽管道；13—轴流冷却风机；14—立式电动机；15—凝结水箱；16—除铁器；17—发电机

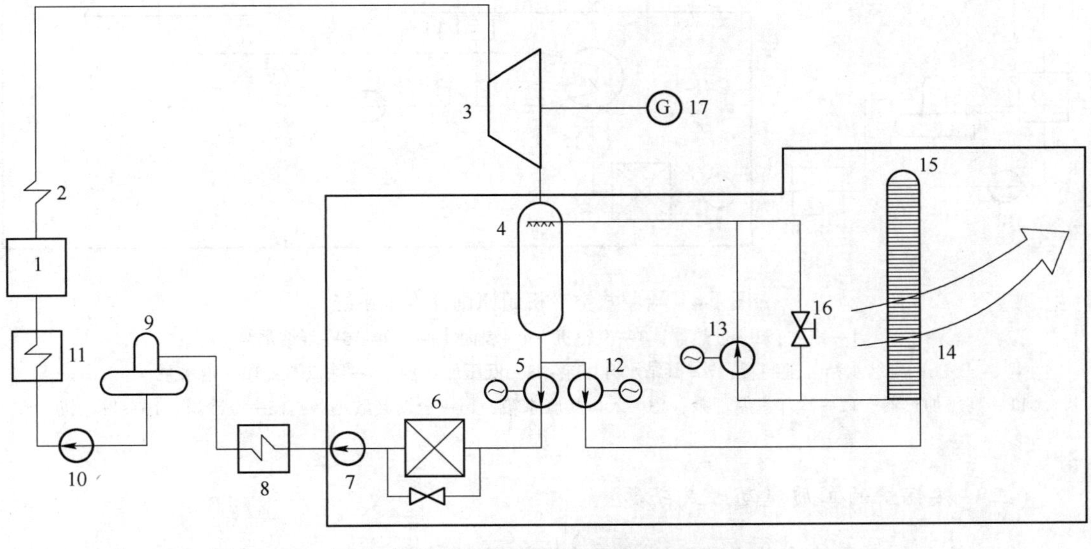


图 1-3　海勒式空冷机组原则性汽水系统

1—锅炉；2—过热器；3—汽轮机；4—喷射式凝汽器；5—凝结水泵；6—凝结水精处理装置；7—凝结水升压泵；8—低压加热器；9—除氧器；10—给水泵；11—高压加热器；12—冷却水循环泵；13—调压水轮机；14—全铝制散热器；15—空冷塔；16—旁路节流阀；17—发电机

主要由喷射式（混合式）凝汽器和装有福哥型散热器的空冷塔组成。散热器是由外表面经过防腐处理的圆形铝管、套以铝翅片的管束所组成，称为缺口冷却三角，在缺口处装上百叶窗就成为一个冷却三角。高纯度的中性水（pH＝6.8～7.2）作为冷却水进入凝汽器，直接与汽轮机排汽混合并将其冷凝。受热后的冷却水绝大部分由冷却循环泵送至空冷塔散热器采用自然通风方式冷却，通过调压水轮机将冷却水再送至喷射式凝汽器进入下一个循环。极少部分受热后的循环冷却水经凝结水精处理装置处理后送至回热系统。优点是：以微正压的低压水运行，较易掌握；可与中背压（9.8 kPa左右）汽轮机配套。缺点是：设备多，系统复杂，冷却水循环泵的泵坑较深，自动控制系统复杂，全铝制散热器的防冻性能差。

（3）带表面式凝汽器的间接空冷系统又称哈蒙式间接空冷系统。这种空冷系统是在海勒式间接空冷系统运行实践的基础上发展起来的新系统，由表面式凝汽器与空冷塔构成，如图1-4所示。哈蒙式间接空冷系统优点是：节约厂用电，设备少，冷却水系统与汽水系统分开，两者水质可按各自要求控制；冷却水量可根据季节调整，在高寒山区，冷却水系统中可充以防冻液防冻。缺点是：空冷塔占地大，基建投资多；系统中需两次换热，且都属于表面式换热，使全厂效率有所降低。

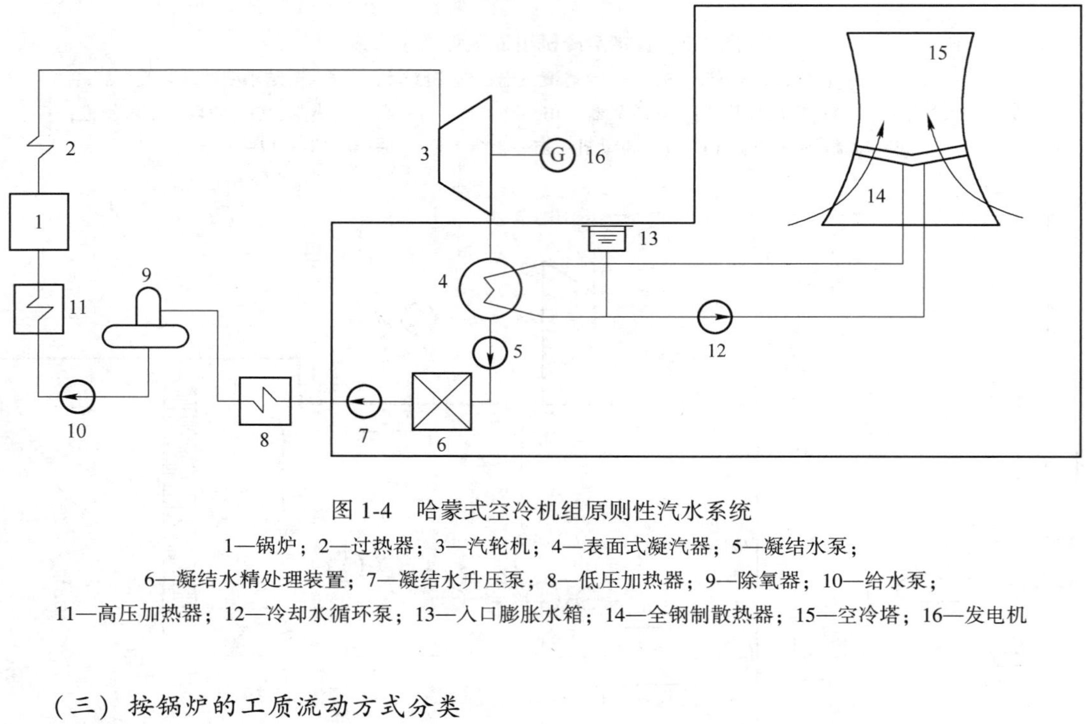


图1-4 哈蒙式空冷机组原则性汽水系统

1—锅炉；2—过热器；3—汽轮机；4—表面式凝汽器；5—凝结水泵；
6—凝结水精处理装置；7—凝结水升压泵；8—低压加热器；9—除氧器；10—给水泵；
11—高压加热器；12—冷却水循环泵；13—入口膨胀水箱；14—全钢制散热器；15—空冷塔；16—发电机

（三）按锅炉的工质流动方式分类

按照锅炉内工质的流动方式可分为汽包锅炉和直流锅炉，汽包锅炉又可分为自然循环锅炉和控制循环锅炉。

（1）自然循环锅炉的汽水流动主要依靠下降管内水的平均密度与水冷壁管内汽水混合物的平均密度差造成一定的流动压头，从而使蒸发受热面内工质达到往复循环流动。

（2）控制循环锅炉是在锅炉循环回路的下降管和上升管之间加装循环泵（炉水泵）以提高循环回路的流动压头，因此汽包及上升管、下降管可采用较小的直径。自然循环及控制循环锅炉只适宜亚临界机组。

（3）直流锅炉没有汽包，在水的加热受热面和蒸发受热面间，以及蒸发受热面和过热受热面间无固定的分界点，在工况变化时，各受热面会发生变化。由于没有汽包，在启停过程及变负荷运行过程中的升、降温速度可快些，锅炉启停时间可大幅缩短，锅炉变负荷速度提高。直流锅炉适合于超临界及亚临界机组。由于超临界压力下水与蒸汽的密度差很小，无法进行汽水分离，所以超临界锅炉不能采用带汽包的循环锅炉，只能采用直流锅炉。

#### (四) 按制粉系统分类

凝汽式单元机组中锅炉的制粉系统可分为中间储仓式和直吹式两种。中间储仓式是将磨好的煤粉先储存在煤粉仓中，然后根据负荷的需要，通过给粉机将煤粉仓中的煤粉送入炉膛中燃烧；而直吹式是将磨煤机磨好的煤粉直接送入炉膛中燃烧。

#### (五) 按燃烧方式分类

锅炉按燃烧方式主要可分为四角切圆燃烧和对冲燃烧。四角切圆的燃烧方式是将煤粉(一次风) 和二次风在炉膛四角喷入炉膛，在炉膛中心形成一个或两个假想圆相切的方式，实现煤粉的切圆燃烧。对冲燃烧是燃烧器中的燃料和空气喷入炉膛各自扩展并对向撞击后产生上升气流进行燃烧的方式。

### 三、单元机组集控运行的概念和内容

#### (一) 单元机组集控运行概念

所谓的单元机组集控运行，就是将火电厂的主要设备——锅炉、汽轮机、发电机及其辅助设备，由原来各自分散的操作运行方式转变为单元机组集中控制运行方式，相互构成了一个不可分割的整体，其组成设备和系统之间联系密切，生产的连续性强，要求值班人员把整套发电机组视为一个统一的对象来对待，必须把炉、机、电看成一个独立的整体进行监视和控制。

单元机组集控运行的控制对象一般包括锅炉及燃料供应系统、给水除氧系统、汽轮机及其冷却系统、抽汽回热加热系统、凝结水系统、润滑油系统、发电机-变压器组系统、高低压厂用电及直流电源系统等。升压母线及送出线电气系统视具体情况可在集控室内控制或另设网控室控制。

单元机组采用集控运行后，全厂公用系统如水处理系统、燃料运输系统等仍采用就地控制或车间集中控制。

#### (二) 单元机组集控运行特点

随着生产发展的需要和对大型发电机组再认识的不断深入，从生产工艺、管理上讲，集控运行特点主要体现在以下几方面：

(1) 大型发电机组自动化程度高，各专业交叉结合、联系紧密，没有明显的分界线，原专业运行已远远不能满足生产工艺管理的需要。

(2) 保证大型发电机组安全、经济、稳定运行，必须打破专业界线，统一协调指挥，要求集控值班员成为在炉、机、电、化学、热控等各个专业方面更精通的全能值班员。

(3) 国内投产的 200 MW、300 MW、600 MW、1000 MW 火力发电机组更新了传统的生产操作手段，建立了全过程、多参数和综合操作的新概念，向操作集中、智能、程序

化、精确性、稳定性、安全性、预见性和优化性方面迈出了一步。这些发电机组辅机庞大，系统复杂，运行维护要求更严谨。

### （三）单元机组集控运行的内容

（1）单元机组集中控制应能满足以下要求：

1）对机组实现各种方式的启动、停运。

2）在机组正常运行时，对设备的运行情况进行监视、控制、维护及对有关参数进行调整。

3）机组的紧急事故处理。

（2）单元机组集控运行的内容如下：

1）自动检测。自动地检查和测量反映单元机组运行情况的各种参数和工作状态，监视单元机组运行的生产情况和趋势。

2）自动调节。自动地维持单元机组在规定的工况下安全、经济地运行。

3）程序控制。根据值班员的指令，自动完成整个机组或局部工艺系统的程序启停。

4）自动保护。当机组运行情况出现异常或参数超过允许值时，及时发出报警信号或进行必要的动作，以避免发生设备事故和危及人身安全。

## 四、单元机组的运行管理制度

为了保证单元机组的安全、经济运行，很好地完成上级调度部门安排的生产任务，电厂对单元机组集控运行制定了许多行之有效的运行管理制度。

### （一）安全生产制度

为了确保机组安全运行，运行人员必须贯彻执行“电力生产，安全第一”及“预防为主”的方针，严格遵守《电业安全工作规程》。对运行的各项操作应做到准确无误。

### （二）岗位责任制

发电厂根据岗位特点、设备状况、工作量大小划分为运行岗位，根据不同的岗位工作特点制定相应的岗位制度。岗位责任制的内容一般包括岗位职责、工作标准和任职条件。

### （三）交接班制度

交接班制度是避免漏洞、保证安全发电的重要制度。内容包括：

（1）交接程序；

（2）交接班的主要项目；

（3）班前会、班后会和各个岗位的交接等。

### （四）设备巡回检查制度

巡回检查是发现设备隐患、消灭隐性事故、保证设备安全的重要措施。根据巡回检查制度的要求，运行人员在值班期间，应该按照岗位分工的不同，定时地对设备按照固定巡回检查路线进行检查，巡回检查中要按照设备情况的变化有不同的检查重点。

（五）设备定期试验和切换制度

对运行中的设备进行定期检查、记录、试验和切换，是保证设备处于良好的运行状态和有效备用的重要措施。对于列入运行规程中的试验和切换的设备和系统，试验和切换的周期等都应该严格按照规程执行，执行中要做好事故预想和安全对策。

（六）工作票及设备验收制度

工作票是准许在设备上进行工作的书面命令卡。工作票是明确安全责任，向执行工作的人员进行安全交底，以及履行工作许可手续，工作间断、转移和终结手续，并且实施保证安全技术措施的书面依据。因此，在运行人员管理的设备上进行检修工作，都要办理工作票（事故处理和事故抢修除外），严禁无票作业。运行设备检修完成后，先经检修人员检查合格，再由运行人员验收，质量不合格应返修直至合格。

（七）操作票联系制度

操作票是依据生产计划和上级调度的综合命令，为设备运行和作业安全措施而事先写好的工作程序卡，是保证安全操作具有程序性的操作命令，是避免发生事故的一项组织措施。操作票的填写和执行必须严格遵守《电业安全工作规程》有关规定，认真填票，确定操作人和监护人，操作时按照操作票步骤逐条进行。

（八）作业安全措施票制度（措施票）

工作票制度是由运行人员来确保检修人员人身安全的制度，而措施票是作业人员确保自身安全的制度。措施票是与工作票制度、操作票制度同等重要的制度，现在很多电厂已把过去的“两票三制”扩展为“三票三制”。

使用措施票是为了加强作业中的安全管理，促进安全责任和安全措施的具体落实，进一步强化和明确作业安排人、作业小组负责人和作业班成员的安全责任。提高作业人员的自保、互保意识，防止发生人身伤亡事故。

（九）电网调度管理条例

电网运行实行统一调度、分级管理，认真执行《电网调度管理条例》是保障电网安全、保护用户利益、适应经济建设的重要措施。《电网调度管理条例》由国务院发布。

《电网调度管理条例》规定：发电厂必须按照调度机构下达的调度计划和规定的电压范围运行，并且根据调度命令调整功率和电压；发电、供电设备的检修，应当服从调度机构的统一安排；未经值班调度人员许可，任何人不得操作调度机构管辖范围内的设备，但是当电网运行遇有危及人身及设备安全的情况时，值班人员可以按照有关规定处理，处理后应立即报告有关调度机构的值班人员。设备检修申请应按照设备管理范围申报，锅炉、汽轮机、发电机、主变压器、高压母线、负荷开关等直接影响发电出力的设备归电网管理。

（十）运行规程

发电厂运行规程是发电厂运行方面的权威性技术文件，是保证设备安全经济运行的重要规章制度。运行规程由发电部有关专业工程师负责，由具有丰富运行经验的工人参加，参照《电力工业技术管理法规》、电力行业颁布的各个专业典型运行规程、安全规程、制造和设计资料、设备特性等有关资料，根据现场具体条件编写。运行规程由发电厂有关专业专责工程师审查，由总工程师批准公布。全体运行人员在运行工作中应该随时注意运行规程的正确性，发现问题应该及时向专责工程师、总工程师汇报。专责工程师应做好记录，作为修订运行规程的依据。对于运行规程的重要临时修改，应由总工程师批准，作为运行规程的临时措施。运行规程一般包括以下内容：

(1) 设备技术规范；
(2) 机组启动；
(3) 机组正常运行与参数调整；
(4) 机组停止；
(5) 机组事故处理；
(6) 定期工作、保护和连锁。

#### (十一) 运行分析制度

运行分析制度能够促进运行人员和各级生产管理人员掌握设备性能及其运行规律，是保证机组安全经济运行的重要措施。运行分析工作一般分为四种：岗位分析、定期分析、专题分析和异常（事故）分析。

#### (十二) 节能管理制度

机组运行是在保证安全生产的基础上，尽可能地提高其运行的经济性。通过开展运行小指标竞赛活动，促使运行人员在值班中认真监盘，合理地进行调整，节约燃料、蒸汽和厂用电。

#### (十三) 事故调查规程

在电业生产（包括电厂运行）中发生的事故，依照事故性质的严重程度及经济损失大小分为特大事故、重大事故、一般事故、障碍几类。事故调查和考核依照《电业生产事故调查规程》进行。生产中发生各类事故后，必须按照“三不放过”原则认真对待，即事故原因不清不放过，事故责任者和应受教育者没有受到教育不放过，没有采取防范措施不放过。

单元机组的运行管理制度还包括培训管理制度、燃料管理制度、用水管理制度、消防系统管理制度、环保工作管理制度、五项技术监督管理制度等。

### 复习思考题

1. 发电厂中的“三票三制”指的是什么？
2. 锅炉制粉系统主要有几种，常见的是哪种？
3. 单元制机组和母管制机组各有什么特点？

# 任务 1-2　单元机组启动及启动方式

## 一、单元机组启动的概念

单元机组的启动是指将机组由静止状态到辅助系统启动、锅炉点火、升温升压、对汽轮机冲转到额定转速、发电及并网并接带负荷的全过程。单元机组的启动是机组的整体启动，是机、炉、电、热之间纵向联系的生产过程，因此机、炉、电之间必须协调一致，相互配合，才能顺利完成。

机组的启动实质上是一个对设备部件的加热升温过程，由于机组设备庞大、结构复杂，各部件受到结构和所处的工作条件的影响，在启动过程金属部件将产生温差和热应力，如果控制不当将引起热变形，甚至产生裂纹乃至损坏。因此，对单元机组的启动应该选择合理的方式，使机组在启停过程中各部件的热应力、热变形、热膨胀及机组振动维持在较好的水平。

## 二、单元机组的启动方式分类

### （一）按停机时间及设备金属温度分类

按机组停机时间及启动开始时金属的温度水平可将启动划分为以下四类：

（1）冷态启动。停机时间大于 72 h 或汽轮机调节级汽室金属温度低于满负荷时温度 30%左右或金属温度低于 150~180 ℃，称为冷态启动。图 1-5 所示为机组冷态启动曲线。

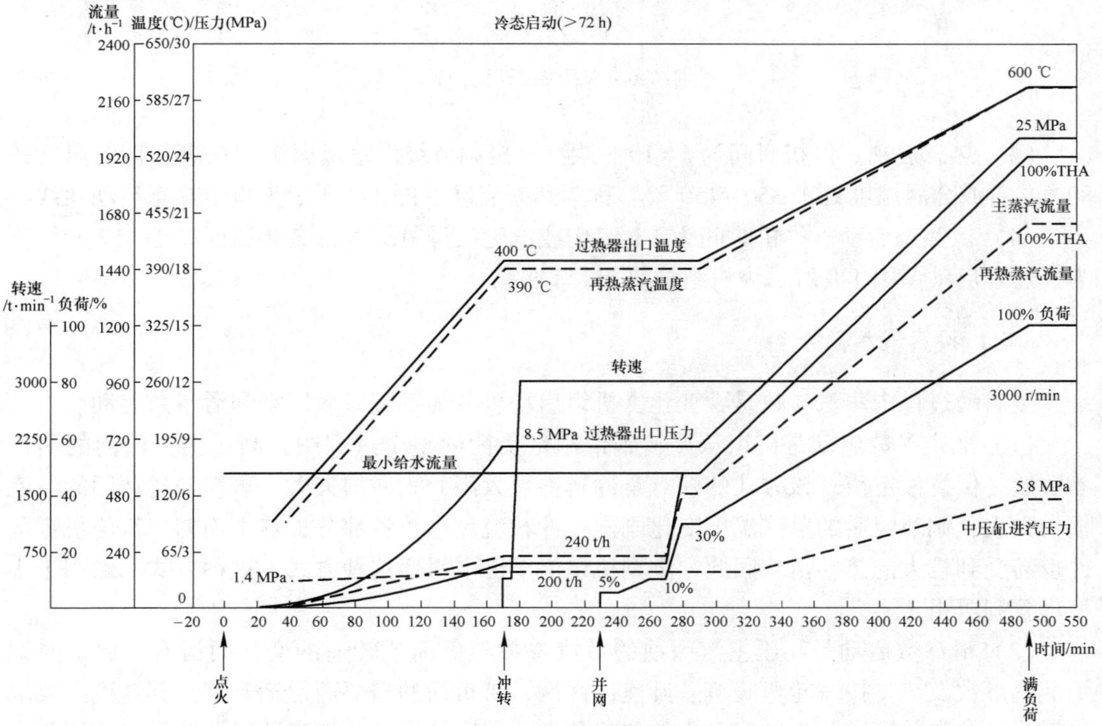


图 1-5　机组冷态启动曲线

（2）温态启动。停机时间为10～72 h或汽轮机调节级汽室金属温度在满负荷时温度的30%～70%或金属温度处于180～350 ℃，称为温态启动。图1-6所示为机组温态启动曲线。

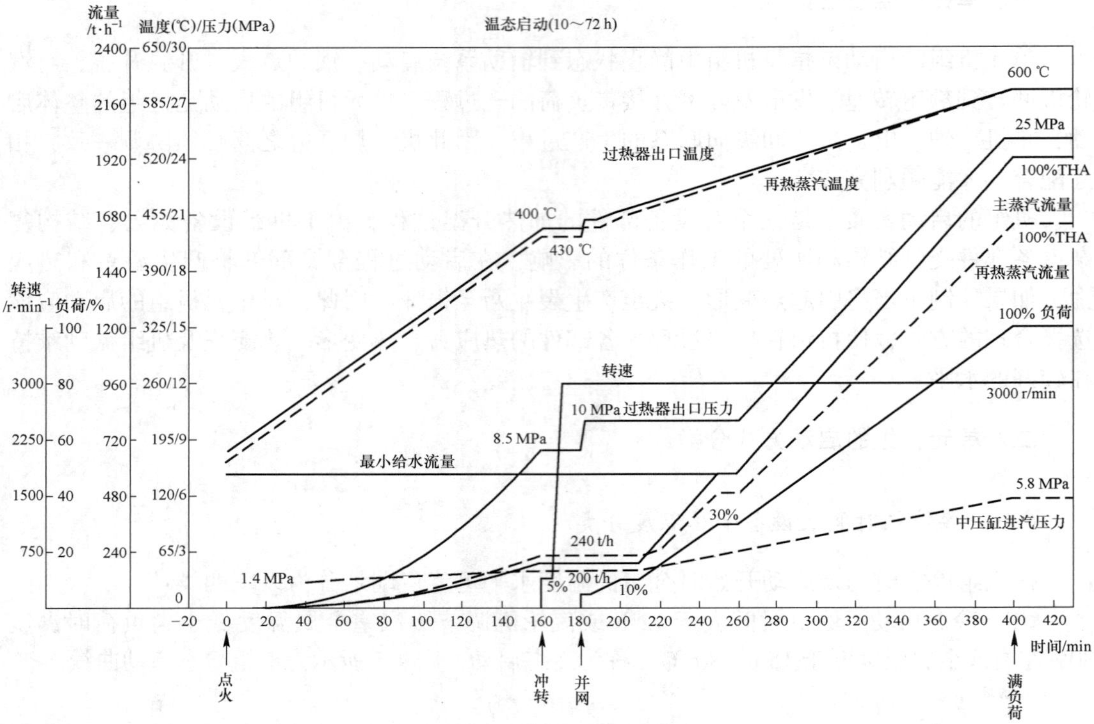


图1-6　机组温态启动曲线

（3）热态启动。停机时间为1～10 h或汽轮机调节级汽室金属温度在满负荷时温度的80%左右或金属温度处于350～450 ℃，称为热态启动。图1-7所示为机组热态启动曲线。

（4）极热态启动。停机时间为1 h以内或汽轮机调节级汽室金属温度高于450 ℃，称为极热态启动。图1-8所示为机组极热态启动曲线。

（二）按蒸汽参数分类

按启动过程中蒸汽参数是否变化，机组启动可分为额定参数启动和滑参数启动。

（1）额定参数启动是机组从冲转到带额定负荷的整个过程中，高压主汽门前的蒸汽参数始终保持额定值。该方式的缺点是冲转参数太高，工质损失大，蒸汽经过调门的节流损失太大，调节级后的蒸汽温度变化剧烈；冲转流量小，各部分加热不均匀，汽轮机零部件也易受到较大的热冲击。因此，大型机组启动已不采用这种方式，这种方式一般用于小型母管制机组。

（2）滑参数启动是高压主汽门前的蒸汽参数随负荷或转速的变化而滑升，启动时锅炉蒸汽参数及流量按汽轮机暖机、升速、并网、带负荷的需要而逐渐升高，其速度主要取决于蒸汽参数与管道和汽缸所允许的加热条件。当锅炉出口蒸汽参数以及蒸发量达到额定

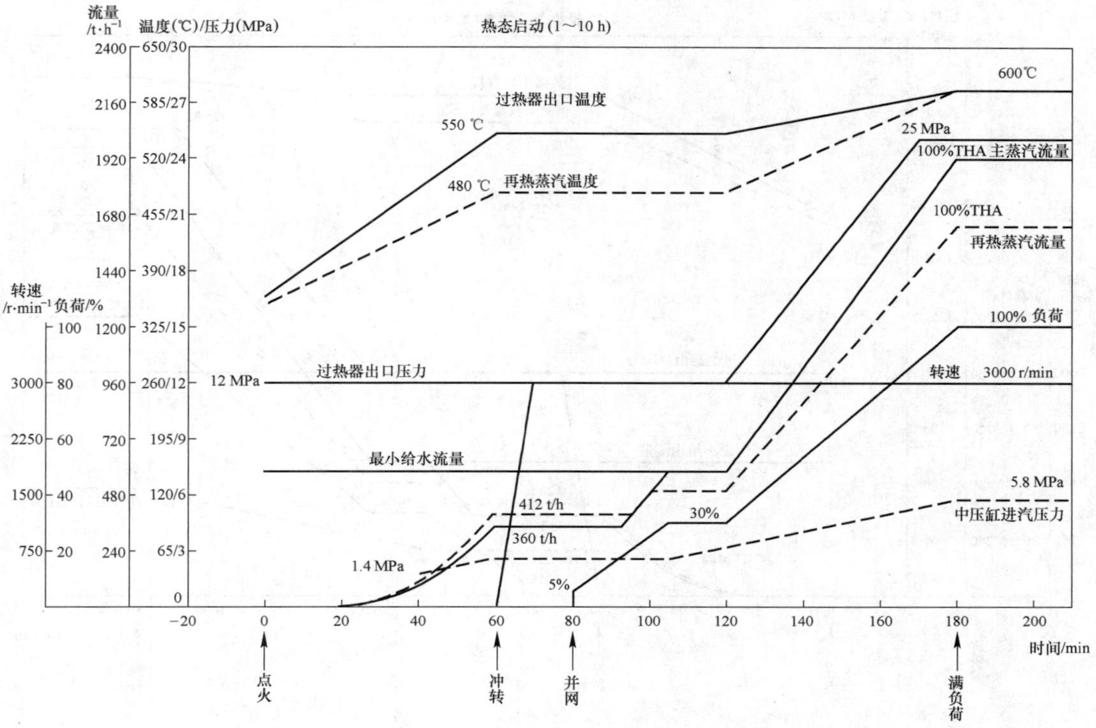


图 1-7　机组热态启动曲线

值时，汽轮机也刚好达到额定负荷。这种启动方式是低参数蒸汽，加热金属部件温度梯度变小，加热均匀。而且无节流损失，工质损失和热损失最小，故在大机组启动中得到广泛采用。根据冲转前主汽门前压力大小，滑参数启动又可分为真空法和压力法两种。真空法启动：是将真空抽到过热器、汽包，锅炉点火后一产生蒸汽就冲动转子旋转，随后汽轮机的升速和带负荷全部由锅炉来控制。这种启动方式使锅炉产生的蒸汽得到了充分的利用，而且汽温是逐渐上升的，可使过热器和再热器得到充分冷却，能促进锅炉的水循环，减小汽包壁的温差，具有较好的经济性和安全性。但由于汽轮机的升速和带负荷都取决于锅炉的运行状态，汽轮机的升速率和升负荷率较难控制，而且启动过程中抽真空也比较困难，因此这种方式也很少采用。压力法启动：是在主汽门前蒸汽达到一定的压力和温度后，才打开汽门进行冲转；汽轮机冲转期间锅炉不进行过大的燃烧调整，以保持压力、温度的稳定；在升负荷期间主蒸汽压力随负荷滑参数增加。

（三）按冲转时进汽方式分类

对于中间再热式汽轮机，按冲动转子时的进汽方式分为高中压缸启动和中压缸启动两种方式。

（1）高中压缸启动：蒸汽同时进入高压缸和中压缸冲动转子。这种启动方式可使高中压合缸汽轮机的分缸处均匀加热，减少热应力并能缩短启动时间。

（2）中压缸启动：在汽轮机冲转时高压缸不进汽，而是中压缸进汽冲动转子，转速

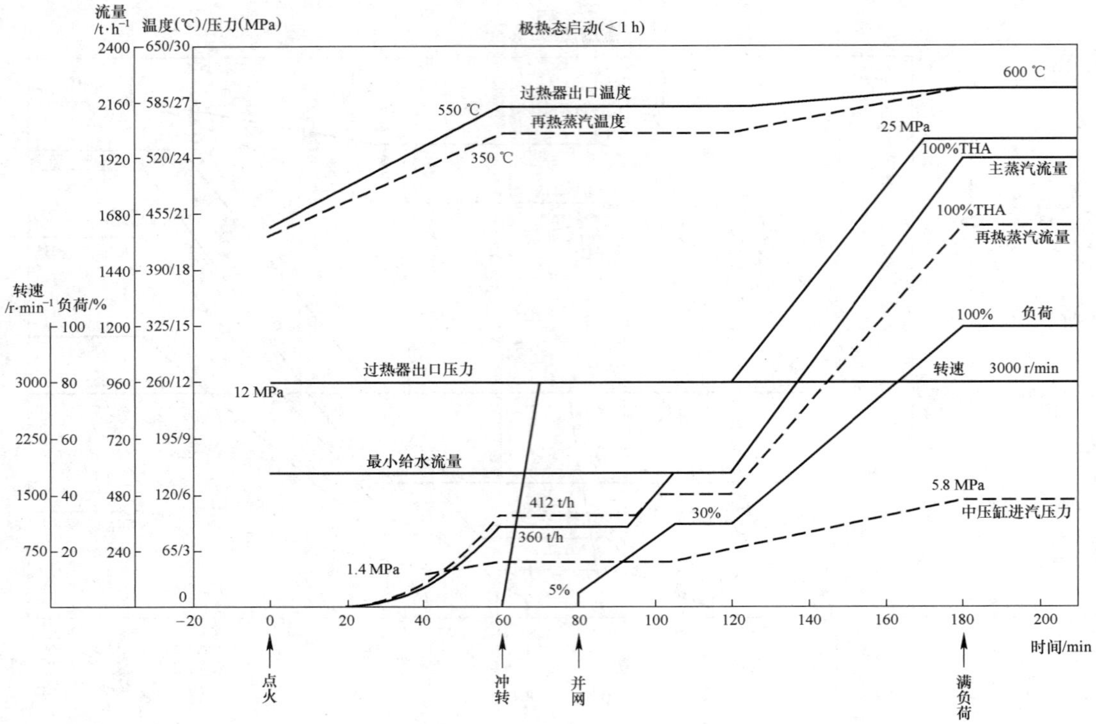


图 1-8　机组极热态启动曲线

升至 1500~2800 r/min 后或并网后，才逐渐向高压缸进汽。中压缸启动具有如下优点：中压缸转子为全周进汽，中压缸和中压转子加热均匀，随同再热器的压力升高对高压缸进行暖缸，高压缸和高压转子的受热也比较均匀，这样就减少了启动过程中汽缸和转子的热应力。采用中压缸启动，可克服中压缸温升大幅滞后于高压缸温升的问题，在中速暖机结束后，高、中压转子的温度一般都升至 150 ℃以上，这样就使高、中压转子提前度过脆性转变温度，提高了机组在高速下的安全性，还缩短了机组的启动时间，提高了经济性。但采用此种方式启动，缺点是操作比较复杂，达到一定转速或负荷后还要进行高中压缸切换。

（四）按控制进汽流量的阀门分类

汽轮机冲转时，可以使用调速汽阀、自动主汽阀或电动主闸阀，也可以使用它们的旁路阀控制进入汽轮机的蒸汽量，因此按控制汽轮机冲转的进汽方式可以分为：

（1）主汽门冲转（单阀控制）：主汽门冲转是启动时调节汽门全开，转速由主汽门控制，转速达到一定值或带少量负荷后进行切换，改由调节汽门控制。这种启动方式汽轮机全周进汽，除圆周上温度均匀外，全部喷嘴焓降很小，调节级汽温较高是其最明显的优点。缺点是有可能使主汽门受到冲刷，导致主汽门关闭不严，降低了主汽门保护装置的可靠性。国产引进型机组用主汽门阀座底下的预启阀来控制进汽，这样就避免了对主汽门的直接冲刷。

（2）调节汽门冲转（顺序阀控制）：调节汽门冲转是启动时主汽门全开，进入汽轮机的蒸汽流量由调节汽门控制。这种方式一般采用部分进汽，导致汽缸受热不均，各部温差较大，但没有高压主汽门与高压调门之间的切换，操作简便。

## 复习思考题

1. 按设备金属温度可将机组启动方式分为哪几类？
2. 额定参数启动的缺点有哪些？
3. 中压缸启动的优点有哪些？

# 任务1-3　单元机组的停运及停运方式

单元机组停运是指从带负荷运行状态到卸去全部负荷，锅炉灭火、发电机解列、切断机炉之间的联系、转子惰走、停转及盘车、锅炉降压、机炉冷却等全过程。单元机组停运是炉、机、电整套系统停运，是启动的逆过程，对机炉也是个冷却的过程。

单元机组停运分正常停运和故障停运两大类。正常停运是指由于电网需要，有计划地停运；或者机组计划停运后要进行检修，希望机组各金属温度尽快冷却下来，可选用滑参数停运。故障停运是指由于单元机组发生异常情况，保护装置自动动作或人为地切断汽轮机的进汽而停运，只需机组短时间停运，缺陷处理后就立即恢复运行，这时要求机组停运后机组金属温度保持较高水平，以便重新启动缩短启动时间。对于这种情况，一般采用额定参数停运。

故障停运又可分为紧急故障停运和一般故障停运。当发生的故障对设备、系统构成严重威胁时，必须立即打闸、解列并破坏汽轮机真空进行紧急故障停运。一般故障停运可按规定使机组稳妥地停下来，不必破坏真空。

根据停运目的不同，可以选择不同的停运方式。无论采用何种方式停运机组，其过程实际就是高温厚壁部件的冷却过程。而金属部件受冷时所受的是拉伸应力，金属的允许压应力远大于拉应力，因此在机组停运过程中，更要严格按照制造厂提供的停机、停炉曲线进行，严格控制降压、降温速率，尽可能减少金属应力。

## 一、额定参数停运

通过关小调节汽门逐渐减负荷停机，而主蒸汽参数保持不变。由于关小调节汽门仅使流量减小，不会使汽轮机金属温度大幅度下降，因此能以较快速度减负荷。以600 MW机组为例说明机组停运步骤。

### （一）机组停运前准备

（1）接到值长命令，选择停机方式、停机参数和需要采取的特殊措施，准备好停机操作票并做好相应的准备工作。

（2）通知燃料调度合理控制各原煤斗上煤量，若停炉时间大于7天，则停炉前24 h有计划地烧光1~2个原煤斗内的存煤，否则停炉前应有计划地烧光所有原煤斗内存煤。

（3）通知除灰、脱硫和化学等外围专业值班人员做好停机准备。单台机组运行时，启动启动锅炉，待参数匹配时，将启动锅炉并入辅汽系统。

（4）通知综合生产部准备好充足的二氧化碳、氮气，以备停机后发电机气体置换和机组停运后的保养所需。

（5）完成汽轮机润滑油泵、顶轴油泵、密封油泵启动试验，高、中压主汽门，调门，补汽门，抽汽逆止门（四抽除外）活动试验。

（6）确认顶轴油泵、主机盘车自启动联锁开关在“自动”位置。

（7）将空压机冷却水等公用系统均切至邻机供给。

（8）确认高、低压旁路系统备用良好。

（9）确认电动给水泵备用良好。

（10）确认 DEH 及 TSI 监测系统运行正常，各自动调节系统状态正常。

（11）确认燃油系统具备投运条件，各油枪试投正常。

（12）确认启动循环泵及相关系统备用良好，暖管系统正常投运。

（13）机组负荷大于 400 MW 时，对各受热面进行一次全面吹灰。

（14）机组停运前将发电机氢气循环风机投入运行。

（15）对机组设备进行全面检查，记录所有缺陷以备检修时消除。对要进行检修的设备的运行参数进行详细记录，以便检修后启动作相应的比较。

### （二）机组停运时注意事项

（1）在减负荷过程中，应加强机组各主要参数的监视，如自动失灵，及时手动干预。

（2）当运行给煤机的平均给煤量小于 40 t/h 时，可退出 1 台磨煤机运行。退磨时如微油点火可用，按从上到下的顺序，尽可能使 A 磨最后停运；如微油点火不可用，则按：F 磨—E 磨—A 磨—B 磨—D 磨—C 磨—CD 层油的顺序停运。磨煤机、油燃烧器停用后应确保吹扫干净。若原煤仓需烧空，则应对原煤仓及落煤管进行敲打、确认。

（3）减负荷速率，主、再热蒸汽温度降温速率和主、再蒸汽压力降压速率应按停运曲线在不同阶段以不同速率进行。在减负荷过程中注意主蒸汽、再热蒸汽两侧温度偏差不大于 10 ℃，主蒸汽过热度大于 56 ℃。

（4）在减负荷过程中，检查高、中压调门应无卡涩、晃动现象。

（5）锅炉在干态与湿态转换区域运行时，应尽量缩短此区域的运行时间，快速平稳转入湿态，以防止锅炉受热面金属温度的波动。

（6）停机过程中，锅炉负荷小于 25%BMCR 或投运微油点火、油枪时，空预器应投入连续吹灰。

（7）锅炉灭火后，应严密监视空预器进、出口烟温，发现烟温不正常升高和炉膛压力不正常波动等再燃烧现象时，应立即采取灭火措施。

（8）在减负荷过程中，要根据有功情况及时调节发电机无功。

（9）机组停运后，对未停运系统应保持正常监视。

（10）停机时间少于 6 h 需要再次启动的，不必开启主蒸汽管道的疏水，在再次启动冲转前开启 5~10 min 进行疏水。

（11）长期停运设备应放尽系统内存水。

### （三）机组减负荷

#### 1. 机组负荷由 660 MW 减至 500 MW

（1）在协调主控制器上设定机组目标负荷为 500 MW，负荷变化率 5 MW/min。

（2）负荷降到目标值后退出最上层运行磨，保留 4 台磨运行。全面检查各系统运行参数、自动控制正常。

（3）确认辅汽到轴封供汽温度为 280~320 ℃，保证随时可用，否则开启主机轴封减温器后疏水器旁路阀，加强疏水。

2. 机组负荷由 500 MW 减至 300 MW

（1）在协调主控制器上设定机组负荷为 300 MW，负荷变化率 5 MW/min。

（2）450~500 MW 时轴封汽源切换，注意检查主机轴封压力、温度正常，轴封汽温度与汽轮机金属温度匹配。

（3）四抽压力小于 0.7 MPa 时，辅汽汽源由四抽切换到备用汽源（单机停运时提前准备启动锅炉）。

（4）负荷减至 300 MW 时：

1）将机组控制方式切至 TF 方式。

2）开启分离器水位调节阀前电动阀，退出启动暖管系统。

3）退出上层运行磨，保留 3 台磨运行。

4）解除空预器密封装置自动，将扇形板提至上极限位。

3. 机组负荷由 300 MW 减至 270 MW

（1）在锅炉主控制器上设定机组目标负荷为 270 MW，负荷变化率 5 MW/min。

（2）负荷减至 270 MW 时，稳定运行 10 min，进行机组厂用电切换。

（3）脱硝反应器入口烟温小于 319 ℃，退出脱硝装置。

（4）负荷降到 270 MW 后，同时关闭 3 台运行的制粉系统原煤斗插板。监视炉内燃烧情况，当机组负荷、机前压力迅速下降、锅炉火焰监视器变暗、炉膛负压变大时，手动停炉，检查汽轮机联跳。若停炉超过 7 天，则锅炉继续减负荷，并增投油枪助燃，直至将其余原煤斗内的存煤烧光。

### （四）汽轮发电机组顺控停运

第 1 步：释放高排逆止门。

第 2 步：降低汽轮机负荷控制器设定值来关闭汽轮机。

第 3 步：调门严密性检验，等待发电机逆功率动作。

第 2 步汽轮机调门关闭后，第 3 步将等待 60 s，监视机组负荷是否低于逆功率设定值，并以此判断调门是否严密。

第 4 步：关闭主汽门。（说明：若逆功率动作不正常，严禁手动拉开发电机出口开关。）

第 5 步：投入汽轮机疏水和干燥器子环。

第 6 步：顶轴油泵准备完毕。汽轮机转速下降到 510 r/min 时顶轴油泵自启动。

第 7 步：油泵启动试验。上一次油泵试验执行时间距现在超过 30 天，油泵试验将自动进行。

第 8 步：油泵试验无故障。

第 9 步：等待汽轮机冷却。高调门壳体 50%温度<200 ℃。（说明：汽轮机停机后，所有疏水门关闭进行闷缸，直到缸体温度降至 200 ℃，方可打开疏水门。）

第 10 步：开启汽轮机暖管疏水门。

### （五）确认联锁动作正常

锅炉 MFT 后，确认联锁动作正常。

### （六）汽轮机停运后的操作

（1）检查汽轮机高中压主汽门、调门、补汽门关闭，抽汽电动门、逆止门、高排逆止门关闭，高排通风阀、汽轮机相关疏水阀开启，汽轮机转速下降。

（2）发电机逆功率保护动作，发电机出口开关跳闸，灭磁开关断开。

（3）高、低旁路自动正常。

（4）检查轴封汽温度与转子金属温度匹配。

（5）检查除氧器、凝汽器热井水位正常。

（6）汽轮机转速低于 510 r/min，检查顶轴油泵自启动，并确认顶轴油压力和顶轴油泵电机电流正常。

（7）汽轮机转速降至 120 r/min，盘车自动投入正常。

（8）惰走过程中，进行机组惰走听音，并记录汽轮机惰走时间和打印惰走曲线。

（9）机组停运后，按规定记录汽轮机缸温、转子温度、调门壳体温度、大轴偏心度、轴承金属温度、缸胀、低压缸排汽温度等重要参数，直至盘车停用。

（10）确认锅炉停运并泄压至零，且系统无热水、蒸汽排至凝汽器，低压缸排汽温度低于 90 ℃后，可破坏真空，停用轴封汽。

（11）正常运行时若两台循环水泵运行，停机后可停运一台循环水泵。当低压缸排汽温度降至 50 ℃，确认凝结水无用户，可停运凝结水泵及循环水泵。

（12）停机后，盘车应保持连续运行。汽轮机转子 TAX 温度小于 100 ℃，可以停用盘车、顶轴油泵、主机润滑油泵。

（13）若机组全面放水后，应隔离与汽轮机本体相关的主、再热蒸汽减温水，旁路减温水，除氧器及各加热器，以防冷汽、冷水倒入汽缸。

（14）按要求做好汽轮机的保养。

### （七）发电机停运后的操作

（1）将 6 kV 工作电源开关停电至试验位。

（2）根据值长令拉开发变组出口刀闸，断开发变组出口开关操作电源。

（3）根据情况，将定冷水、氢冷水、氢气、密封油等系统停运。

（4）根据需要把发电机转入不同的运行状态，做好发电机停机保养。

### （八）锅炉 MFT 后的操作

（1）锅炉 MFT 后，保持引、送风机运行，调整总风量至 30%BMCR 通风量，维持炉膛负压（-100～-150 Pa）对锅炉进行吹扫。吹扫完成后停止送风机、引风机、脱硝稀释风机，检查确认锅炉各人孔、看火孔及各烟、风挡板关闭。

（2）风机停运后，应监视空预器进、出口烟温，一旦发现空预器出口温度不正常升高，应立即查明原因并处理。

（3）退出空预器的密封装置。

（4）手动关闭各油枪手动门。

（5）根据需要关闭给水，炉水，主、再热蒸汽取样一次门。

（6）停用全部电除尘、脱硫系统，保持输灰、石子煤、底渣系统运行直至灰、渣全部清出。

（7）确认无辅汽用户后，停运启动锅炉。

（8）锅炉冷却：

1）锅炉焖炉 18 h 后，如需快速冷却可启动 1 台引、送风机对锅炉强制通风冷却，但必须严格控制各部位金属温降速率不超过 2 ℃/min。

2）过热器出口汽压降至 1.0~1.5 MPa 时，打开水冷壁各放水阀和省煤器各放水阀，锅炉热炉放水。

3）锅炉放水后进行抽真空保养。

4）在锅炉停炉抽真空保养结束后，炉膛出口烟温 200 ℃以下，如需快速冷却可打开风烟系统有关挡板，使锅炉自然通风冷却。

5）当空预器的入口烟温降至 80 ℃时，允许停止空预器运行。

6）当炉膛温度降至 70 ℃时，可停止火检冷却风机运行。

## 二、滑参数停运

在停运过程中，调节汽门保持全开，依靠主蒸汽和再热蒸汽参数逐渐降低减小负荷、降低转速，直至完全停运。

### （一）机组停运前准备

机组滑停前的准备工作同额定参数停机。

### （二）滑参数停机注意事项

（1）滑停过程中有关参数的控制。

1）主、再热蒸汽温降率≤1.2 ℃/min。

2）汽缸金属的温降率为 0.5~1 ℃/min。

3）主、再热蒸汽过热度不低于 50 ℃。

（2）滑参数停机时，先降负荷、再降汽温，分段交替下滑。在每个阶段要有足够的停留时间。

（3）保证各参数在允许范围内变化，如汽温下降过快，10 min 内降低 50 ℃以上应立即打闸停机。

（4）滑参数停机过程中，应注意调整主、再热蒸汽温度偏差小于 10 ℃，并保证主、再热蒸汽有 50 ℃以上的过热度，每降低一档主蒸汽温度或负荷，均应等再热蒸汽温度下降后再继续降温。

（5）在滑停过程中锅炉加强燃烧及主、再热蒸汽温度调整，避免汽温大幅度波动。严防减温水使用过量，减温器后蒸汽的过热度应在 56 ℃以上。尤其要防止烧空原煤仓过程中突然断煤导致灭火、汽温突降。

（6）为保证汽温平稳下滑，在滑停过程中，不要进行切除高加操作。锅炉启动循环泵投入运行时要防止给水流量出现大幅波动。

（7）加强锅炉水冷壁、启动分离器、过热器、再热器壁温的监视，避免超温及热偏差过大。如启动分离器、过热器出口联箱的内外壁温差超过 42 ℃，应降低冷却速度。

（8）滑停过程中，各项重大操作，如停磨、停给水泵、停风机等应分开进行。

（9）从减负荷到停炉过程中，应检查锅炉膨胀情况，避免异常情况发生。

（10）注意监视高压主汽门、调门、转子、缸体和中压主汽门、转子的 TSC 裕度下限大于 3 ℃。控制高、中压缸金属温降率和上、下缸温差在 TSE 温度裕度控制限额内。监视和分析主汽门腔室、高中压缸温及 TSI 所显示的汽轮机各点金属温度下降率应正常且无回升现象。

（11）滑停过程中注意监视轴封汽源的切换，及时调整轴封汽压力和温度，使轴封汽温度与转子金属温度差控制在许可值内。避免因切换汽源导致汽轮机进水事故发生。

（12）监视机组振动、轴向位移、瓦温、缸胀、振动、上下缸温等参数，发现参数超限应立即打闸停机。

（13）滑参数停机过程中，不准进行影响高中压主汽门、调门开度的试验。严禁做汽轮机超速试验。

### （三）机组滑停操作

（1）降负荷到 500 MW，将主蒸汽温度、再热蒸汽温度逐渐降到 550 ℃，汽温变化率≤1.0 ℃/min。停最上层制粉系统。

（2）降负荷到 330 MW，主蒸汽温度、再热蒸汽温度逐渐降到 500 ℃，汽温变化率≤1.0 ℃/min。在 330 MW 时，机组稳定运行 60 min，防止主蒸汽参数的回升。

（3）降负荷到 300 MW：

1）停运第二套制粉系统，一般保留 A、B、C 三台磨煤机运行。

2）开启启动分离器高水位调节门前电动门，关闭启动系统暖管各阀门。

（4）降负荷到 250 MW，主蒸汽温度、再热蒸汽温度逐渐降到 450 ℃，汽温变化率≤1.0 ℃/min。投入 2 台运行磨煤机的相邻层油枪或投运磨煤机 A 微油点火，保证燃烧稳定。投油后，应连续对空预器进行吹灰。

（5）负荷减至 250 MW，停运 1 台汽动给水泵，退出过程中应加强对给水流量的监视和调整，维持省煤器入口流量保持不变。

（6）待锅炉启动循环泵启动条件满足，启动该泵，逐渐开启其出口调节门，将给水切至启动循环泵侧运行。

（7）负荷减至 210 MW 时，停用第三套制粉系统，保留最下层两套制粉系统运行。

（8）机组负荷在 200 MW 左右时，启动电动给水泵，将给水由给水总门切换到给水旁路调节门控制。切换时应注意省煤器进口流量保持不变。

（9）机组负荷在 150 MW 稳定运行后，进行厂用电切换。

（10）汽轮机高压缸内缸温度降至 430 ℃以下时，机组负荷可继续滑低。随着负荷的降低，应确认高、中压疏水自动开启正常。

（11）当负荷减至约 100 MW，投入高、低压旁路“自动”，主蒸汽压力控制在 8.6 MPa，主蒸汽温度缓慢降至 430 ℃，再热蒸汽温度降至 420 ℃。

（12）高压缸内缸温度降至 400 ℃左右，可汇报值长停机。

（13）停机后的操作同额定参数停机。

## 三、停运后的保养

### （一）锅炉停运后的保养

锅炉在冷备用期间会受到腐蚀危害，为防腐应不使空气进入停用锅炉的汽水系统；保持金属内表面干燥：在金属表面形成具有防腐蚀作用的薄膜（钝化膜）；使金属浸泡在含有除氧剂或其他保护剂的水溶液中。锅炉停运后具体的保养方法如下：

（1）湿法保养。用湿法保养时，在机组停运后向汽水系统充满除氧水。依靠其他汽源、水泵等维持系统正压，以防止氧气侵入，同时可添加联氨等除氧剂。为此，系统内的水应不断循环，以保证水内这些化学药品良好混合。在无除氧水可用时，可以添加诸如氢氧化钠或氨等防蚀剂，在这种情况下，建议定期监测 pH 值并定时进行水的循环。

（2）干法保养。用干法保养时，在设备停用后应在热态和尚有压力的条件下，将水、汽系统放空，为此，应首先打开疏水阀和空气阀，接着根据需要投入凝汽器抽真空装置，锅炉可以采用带压放水，利用余热烘干的办法进行干法保护。采用干法保护时，只有将汽水系统中的空气湿度始终保持在 50%以下才有防腐效果，因而需监视水、汽系统出口湿度来确定其干燥状况。此外，也可以单独使用具有吸潮性能的干燥剂（如硅胶）或以此作为干法保护的补充。

（3）惰性保养。惰性保养一般使用含氧量少于 0. 01%的氮气。氮气注入充水系统或注入全部放空的系统内，并维持系统正压，以防止氧气侵入。

锅炉停用保养方法较多，为了便于选择，以下列出了有关原则：

（1）对大型超高压汽包锅炉和直流锅炉，由于过热器系统较为复杂，水汽系统内的水不易放尽，故大都采用充氮法和加热蒸汽压力法。

（2）停用时间的长短。对短期停运的锅炉，应采用压力防腐法；对长期停用和封存的锅炉设备应用干燥剂法、联氨法和氨液法。

（3）环境温度。采用湿法保养时，注意冬季应使炉内温度不低于 0 ℃，以防止冻坏设备。

### （二）汽轮机停运后的保养

（1）汽轮机停机后如果在一周内启动，进行下列保养工作：

1）打开热水井放水门，凝汽器汽侧水排尽。

2）隔绝所有可能进入汽缸及凝汽器汽侧的汽水系统。

3）所有管道及汽轮机本体疏水门均开启。

4）高加水侧由化学加注联氨水保养。

5）低加汽、水侧与疏水扩容器存水排尽。

6）除氧器放净水保养。

（2）汽轮机停机超过一周，应进行下列保养工作：

1）除氧器保持高水位加联氨水，高加汽侧充氮气保养。除氧器充氮气保养。

2）长时间停运的设备、系统中的存水全部排尽。

3）汽轮机长时间停运的保养，需采用热风干燥，烘干汽缸内部设备，此项工作由检修人员负责。

4）汽轮机长期备用时需定期投运油泵进行油循环，以防调速系统等部件锈蚀卡涩。

5）定期投入盘车运行。

### （三）发电机停运后的保养

（1）发电机内仍有氢气时密封油系统应连续运行，有关报警系统应投入。

（2）停机期间发电机内充满氢气时，应保持机内温度≥5 ℃以及较低的湿度，氢气循环风机应保持连续运行，以免机内结露。

（3）维持氢气纯度在98%以上，当氢气纯度低于98%时，应排污、补氢置换至合格。

（4）定期检查定子冷却水电导率，应维持不超过1.5 μS/cm。

（5）当发电机运行超过2个月，如遇停机，应对定子绕组进行正反冲洗，以确保水回路的畅通。

（6）发电机长期停运应进行气体置换，置换过程中应联系热工人员退出露点仪，二氧化碳在发电机体内存留时间不得超过24 h。

### （四）机组停运后的防冻

（1）每年11月初，进行一次全面防冻检查。特别是引、送、一次风机及磨煤机的油系统电加热装置必须做投运试验，确保能适时投运。

（2）所有蒸汽、电缆伴热装置可靠投入，把对伴热装置运行情况、伴热蒸汽供汽联箱压力和伴热电缆端部温度检查作为正常巡检的项目认真检查，并在气温较低时要适当增加巡检次数。每班检查表管电伴热装置正常投入。

（3）停炉至锅炉灭火后，引、送风机保持运行，通风结束后停运，并检查关闭所有风门挡板。

（4）停炉后检查锅炉的所有人孔门、检查孔关闭严密，防止冷风侵入。

（5）停炉后锅炉放水必须采用热炉放水，放水时要严格掌握放水参数。确保所有管路水放尽。并联系热控和化学人员将各仪表和化学取样表管放水。放水结束后要开启锅炉水冷壁下集箱放水管路放水门，开启过热器、再热器减温水管路放水门。

（6）停炉时间较长，停炉前要尽量将原煤仓清空，防止原煤仓冻结。

（7）检查所有蒸汽伴热可靠投入，疏水器全部投入。

（8）磨煤机、引风机、送风机和一次风机的冷却水保持运行。

（9）磨煤机、引风机、送风机和一次风机的油系统停运。

（10）燃油系统保持循环。

（11）投入所有采暖伴热系统，必要时增加临时采暖设备。

（12）投运所有冷却水系统，检修时应将冷却器内的冷却水放尽，以免冻裂冷却器。

（13）对机侧室外，特别是室外补给水系统等可能会造成冻结的设备，可采用放水或定期启动等措施防冻。

（14）在机组停运后，当环境温度低于5 ℃时，应保持定冷水系统的正常运行，并保证定冷水温在5 ℃以上，在启动循环泵电机备用时应投入临时伴热装置。

## 复习思考题

1. 机组停运有哪些分类？
2. 锅炉停运后的保养方法有哪些？

# 模块 2　汽轮发电机组系统

## 任务 2-1　循环水系统

### 一、系统介绍

循环水系统的功能是将冷却水送至高低压凝汽器去冷却汽轮机低压缸排汽，以维持高低压凝汽器的真空，使汽水循环得以继续。另外，它还向开式循环水系统提供用水。

### 二、主要设备及作用

（1）汽轮机凝汽器：凝汽器是将汽轮机排汽冷凝成水的一种换热器，又称复水器。凝汽器主要用于汽轮机动力装置中，分为水冷凝汽器和空冷凝汽器两种。

（2）冷却塔：用来冷却循环水，此水经过冷却以后可以反复使用，可以节约大量的水资源。

（3）排污水泵进水间：排污水泵是一种泵与电机连体，并同时潜入液下工作的泵类产品，与一般卧式泵或立式污水泵相比，排污水泵结构紧凑、占地面积小、安装维修方便，小型的排污水泵可以自由安装。而排污水泵进水间是由多个排污水泵组成。

（4）循环水泵：通过提高循环水压力，使水在系统内周而复始地循环，克服环路的阻力损失。

（5）过滤器：是输送介质管道上不可缺少的一种装置，过滤器由筒体、不锈钢滤网、排污部分、传动装置及电气控制部分组成。待处理的水经过过滤器中装有滤网的滤筒后，其杂质被阻挡，当需要清洗时，只要将可拆卸的滤筒取出，处理后重新装入即可，因此，使用维护极为方便。

### 三、系统流程及主要参数

本系统流程见图 2-1。

（1）循环水温度：保证对凝汽器中排汽进行充分冷却，保持凝汽器真空。

（2）进水间水位高度：保证充足的水源，同时满足循环水泵启动条件。

（3）循环水流量：保持一定的循环水流量，冷却凝汽器中排汽，及时带走排汽热量。如果循环水流量异常减小应及时发现并分析原因及时处理。

（4）循环水泵出口压力：保持一定压力，保障循环水正常流动。

### 四、系统的启动

（1）系统检查确认前池水位不低于 6 m。

（2）开启 A 循环水泵至增压泵用水手动门，A、B 管道泵进口滤网进、出口手动

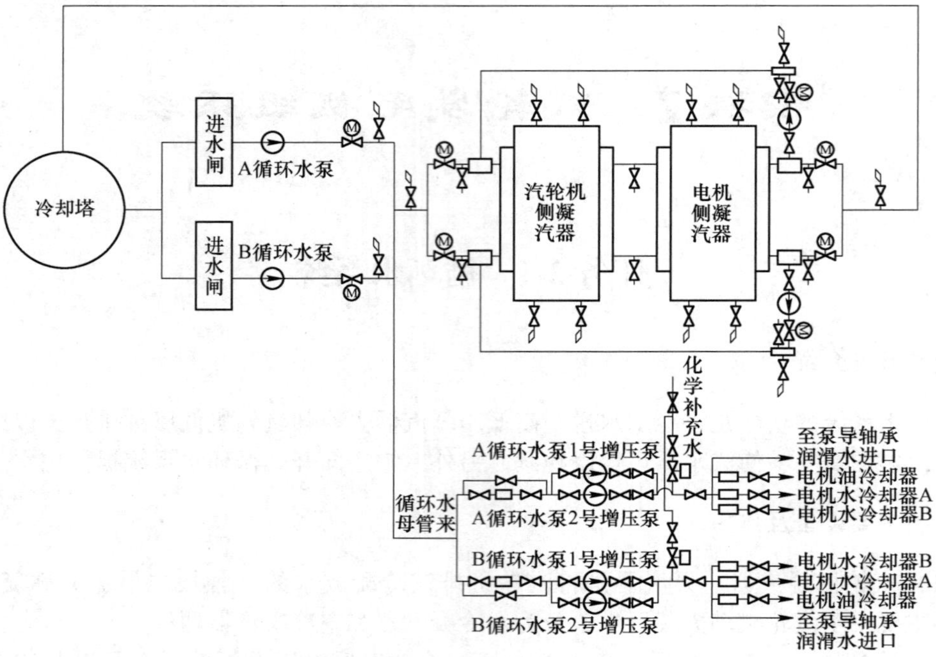


图 2-1　循环水系统流程图

门，A、B 管道 1、2 泵进、出口手动门，工业水至循环水泵用水手动门，工业水至 A、B 循环水泵用水手动门，A、B 管道泵出口总门，A、B 循环水泵电机油冷却水进口门。

(3) 打开循环水供水母管放空气门，A、B 循环水泵出口放空气门，循环水内、外环高、低背压进水室、出水室放空气门，循环水回水母管放空气门。

(4) 开启 A、B 胶球清洗泵入口手动门，1 号、2 号排污水泵出口手动门。

(5) 打开 1 号、2 号循环水进、出水门。

(6) 打开 A、B 循环水泵冷却水电磁阀。

(7) 合 A、B 循环水泵高压开关，A、B 启动条件允许，启动 A、B 循环水泵变频器；给定频率在 35~45 Hz，联锁开出口门，另一循环水泵投入备用（注：启动 A 循环水泵变频器（需要 A 循环水泵变频器隔离刀 QS1、A 循环水泵变频器隔离刀 QS2 在合闸位置，A 循环水泵变频器隔离刀 QS3 在分闸位置），B 循环水泵投入备用）。

(8) 启动 A 循环水泵和 1 号、2 号增压泵，另一增压泵作为备用，A 循环水泵和 2 号增压泵互为连锁。

(9) 启动 B 循环水泵和 1 号、2 号增压泵，另一增压泵作为备用，B 循环水泵和 2 号增压泵互为联锁。

(10) 启动 A、B 循环水泵电机冷却风机。

(11) 关闭 A、B 循环水泵冷却水电磁阀。

(12) 关闭循环水供水母管放空气门，A、B 循环水泵出口放空气门，循环水内外环高低背压进出水室放空气门，循环水回水母管放空气门。

## 五、系统的停运

当低压缸排汽温度低于 50 ℃，循环水系统无用户，可以停运循环水系统，关闭冷水塔水池溢流，停止循环泵，检查循环泵不倒转，开启水塔的旁路门。

## 六、故障分析及处理

（1）循环水浊度高，水质不好。措施：改善水质，加强过滤工作。

（2）循环水 pH 异常。加酸调 pH 值的循环水系统，可能加酸过多。措施：调整循环水 pH 值，尽快使 pH 值恢复正常范围。当循环水 pH 值小于 2.5 时，可以向水中添加 NaOH 将循环水 pH 值调节到 2.5~3.0，再投加碳酸钠溶液，将循环水 pH 值提高至 4.5 左右。此时，循环水中游离的无机酸浓度降低至零，碳钢腐蚀率大幅降低。

## 复习思考题

1. 循环水供向哪些设备？
2. 为什么定期向循环水中加氯？
3. 循环水泵为什么不采用高转速？
4. 冷却塔为什么要做成双曲线形？
5. 冷却塔由哪些部分组成？
6. 冬季冷却塔哪些部位易结冰，有何危害？
7. 防止冷却塔结冰的措施有哪些？

# 任务 2-2　开式水系统

## 一、系统介绍

开式冷却水系统是指冷却水取自水源（循环水），经开式循环水泵升压后，经过各设备的冷却器吸热后再排入水源的冷却水系统。

## 二、主要设备及作用

开式水系统包括：两台 100%容量开式循环水泵、两台 100%容量闭式水热交换器、高低压真空泵热交换器各两个、一个自清洗旋转滤网等设备。正常运行时，开式泵一台运行一台备用，闭式水热交换器也是如此。

（1）水热交换器：水热交换器的作用是通过热传导来实现的，让热量从物体温度比较高的部分传递到温度比较低的部分。

（2）热交换器：热交换器的功能主要是调节油液的温度，保证系统正常工作。

（3）自清洗旋转滤网：自清洗旋转滤网的作用就是对原水进一步过滤，截留前端水处理单元可能流失的细小砂砾和大颗粒悬浮物，保护超滤装置的安全运行，避免超滤膜元件被大颗粒物质堵塞或者被划伤损坏，从而提高超滤膜的使用寿命。

（4）开式循环水泵：火电厂的开式循环水泵，主要给各个厂用辅助设备提供轴承冷却水或者其他冷却水。

## 三、系统流程及主要参数

本系统流程见图 2-2。

需要重点关注的参数有电动滤水器差压、开式循环水泵电流、开式循环水泵出口母管温度、开式循环水泵出口母管压力等。

## 四、系统的启动

（1）打开 1A、1B 开式循环水泵入口手动门。

（2）打开 1A、1B 开式循环水泵母管放空气门。

（3）打开低温省煤器冲洗水隔离阀、除尘器喷水减温冷却水隔离阀、渣井及干渣机降温水门、锅炉空预器高压冲洗水手动门、锅炉房杂项用水门。

（4）打开循环水供水管至 1 号电动滤水器进口电动门 DP 和电动滤水器前、后电动门 DP，关闭 1 号电动滤水器旁路电动门 DP。

（5）启动 1A 开式循环水泵，调节频率在 35~45 Hz，待出口电动门开启后，投 1B 开式循环水泵联锁。

（6）打开循环水供水管至 2 号电动滤水器进口电动门 DP 和电动滤水器前、后电动门 DP，关闭 2 号电动滤水器旁路电动门 DP。

（7）开式循环水泵母管放空气门出现连续水流，关闭 1A、1B 开式循环水泵母管放空气门。

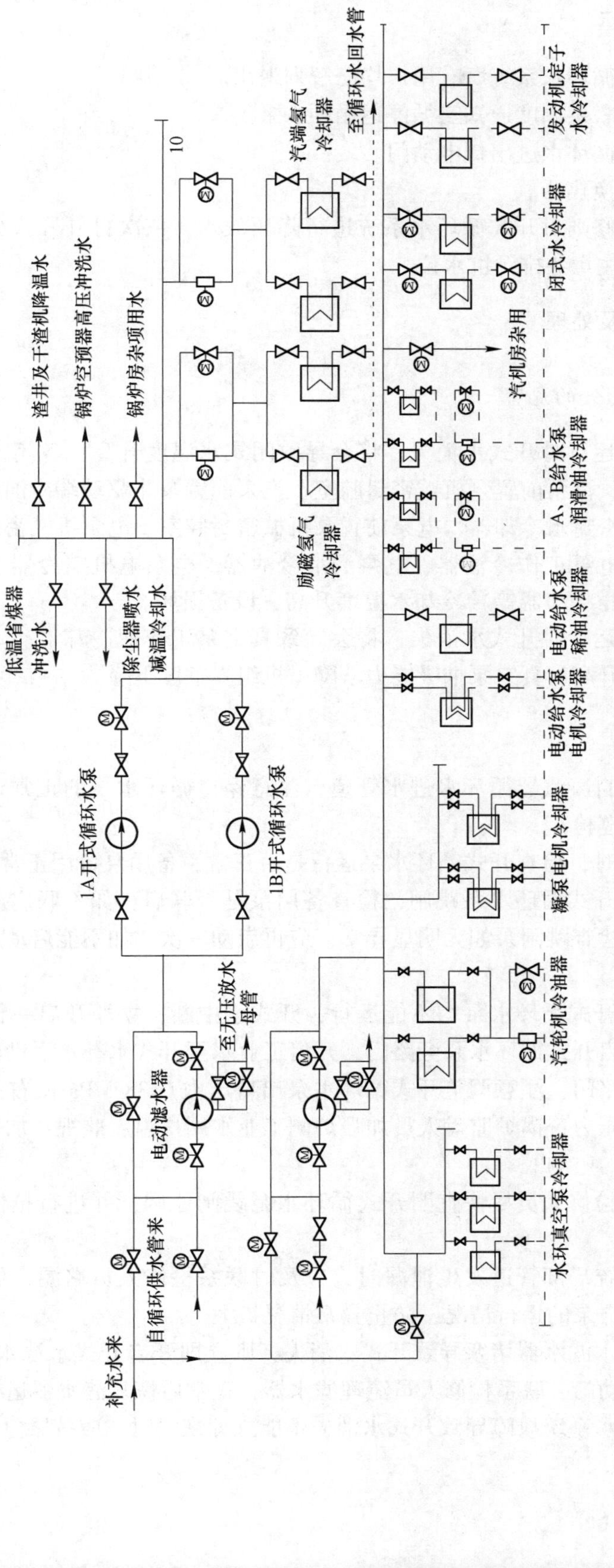


图2-2　开式水系统流程图

## 五、系统的停运

（1）检查开式循环水系统所有用户均已解列退出。
（2）汇报班长联系调度通知三循停运循环水泵。
（3）关闭开式循环水进出口电动门。
（4）解列板式换热器。
（5）如需要检修则对开式循环水系统进行降压放水，依次打开开式循环水母管各放水阀放水，应及时注意各排污坑水位。

## 六、故障分析及处理

### （一）开式水消失的危害

（1）机组正常运行时开式水消失，将会导致闭式水温度升高，各闭式水用户（小机冷油器、凝泵轴承、汽泵前置泵机械密封腔室、汽泵前置泵非驱动端冷油器、汽泵机械密封腔室、汽泵机械密封水冷却器、电泵前置泵机械密封腔室、电泵机械密封腔室、电泵机械密封水冷却器、电泵工作冷油器、电泵润滑冷油器、电泵电机空冷器、化学取样冷却器、精处理装置取样冷却器等）冷却水温度升高，设备损坏。
（2）机组正常运行时开式水消失，将会导致真空泵工作液冷却器冷却水断水，真空泵工作液温度迅速升高，真空泵抽吸能力下降，机组真空度下降。

### （二）故障分析

（1）开式水取自凝汽器循环水进水管道，注意保持循环水泵的正常运行，加强对循环水泵及其管道的巡检。
（2）正常运行时，检查开式循环水泵运行是否正常，备用泵备用正常，无倒转现象。
（3）如果一台开式循环水泵跳闸，检查备用泵是否联启，如不联启应手动启动，如备用泵不能启动，检查跳闸泵如无明显异常，应再启动一次，如不能启动应密切监视各运行设备轴承情况。
（4）如果两台开式循环水泵均不能运行，开式水中断，立即开启一台开式循环水泵出口电动门，并开启开式循环水泵旁路门，开启工业水至开式水补水手动门，关闭开式水滤水器后截门及旁路门，注意调整开式循环水泵出口压力 0.38 MPa 左右；联系化学水处理部门注意工业水压力；锅炉监盘人员加强炉侧工业水用户温度监视；加强对闭式水换热器、真空泵各参数的监测。
（5）及时联系检修人员尽快查明开式循环水泵跳闸原因，并进行抢修，尽快恢复开式水系统运行。
（6）开式水系统局部管道发生泄漏时，应及时联系检修人员堵漏，处理期间监视好各闭式水用户及真空泵的运行情况，防止异常情况扩大。
（7）若因开式水滤水器堵塞导致开式水消失，则立即开启开式水滤水器旁路手动门，关闭滤水器前后手动门，联系检修人员清理滤水器，正常后恢复滤水器运行。
（8）若因循环水系统故障导致开式水消失不能立即恢复时，应按紧急停机处理。

## 复习思考题

1. 简述开式水电动滤网的反冲洗过程。
2. 开式冷却水系统的正常水源是（　　）。（单选）
   A. 主凝结水　B. 主给水　C. 凝汽器的循环水　D. 工业水
3. 简述开式循环水和闭式循环水的主要区别。

# 任务 2-3　闭式水系统

## 一、系统介绍

闭式冷却水系统是指冷却水经闭式冷却水泵升压后，送入各设备中吸热，然后进入闭式水冷却器中，将热量传给冷却介质（开式冷却水），经冷却后的冷却水再由闭式冷却水泵送入各设备水冷却器重复使用的冷却水系统。

## 二、主要设备及作用

闭式冷却水系统一般由闭式膨胀水箱、闭式冷却水泵、闭式水冷却器、药品混合箱以及管道、阀门和附件等组成。

（1）闭式膨胀水箱：维持一定的水位，补充闭式水系统中消耗的水。

（2）闭式冷却水泵：使闭式冷却水升压，供给各个用户使用。

（3）闭式水冷却器：利用开式循环水对闭式冷却水进行冷却，保证闭式冷却水的水温要求。

## 三、系统流程及主要参数

闭式冷却水的流程是：闭式冷却水泵—各供水母管—各设备冷却器—回水母管—闭式冷却器—闭式冷却水泵—闭式冷却水泵进口，补充水通过闭式膨胀水箱供给。本系统流程见图 2-3。

（1）闭式膨胀水箱水位：维持正常水位要求，水位下降及时进行补加，确保满足闭式冷却水泵启动要求。

（2）闭式冷却水泵入口滤网差压：差压高应及时清洗有关滤网。

（3）闭式水回水母管温度。

（4）闭式冷却水泵电流：电流增大，判断电机是否超载或出现其他故障。

（5）闭式水供水母管温度。

（6）闭式冷却水热交换器出口温度：出口温度异常升高时，应检查开式水系统是否正常，或热交换器是否发生故障，及时切换热交换器运行。

## 四、系统的启动

（1）打开除盐水来手动隔离阀，打开闭式膨胀水箱出口母管手动门，打开 1 号、2 号机锅炉房闭式水进、回水母管手动门隔离阀；打开闭式冷却水至空压机进水和回水母管隔离阀；打开脱硫系统冷却水进、出口门；打开闭式冷却水泵进口排气门。

（2）打开 A 闭式冷却水热交换器冷却水进、出水电动门，B 闭式冷却水热交换器冷却水进、出水电动门。

（3）检查闭式膨胀水箱液位是否正常，可通过闭式膨胀水箱补水调节阀进行补水，通过闭式水排水阀进水、排水。

（4）打开闭式膨胀水箱出水电动门 DP。

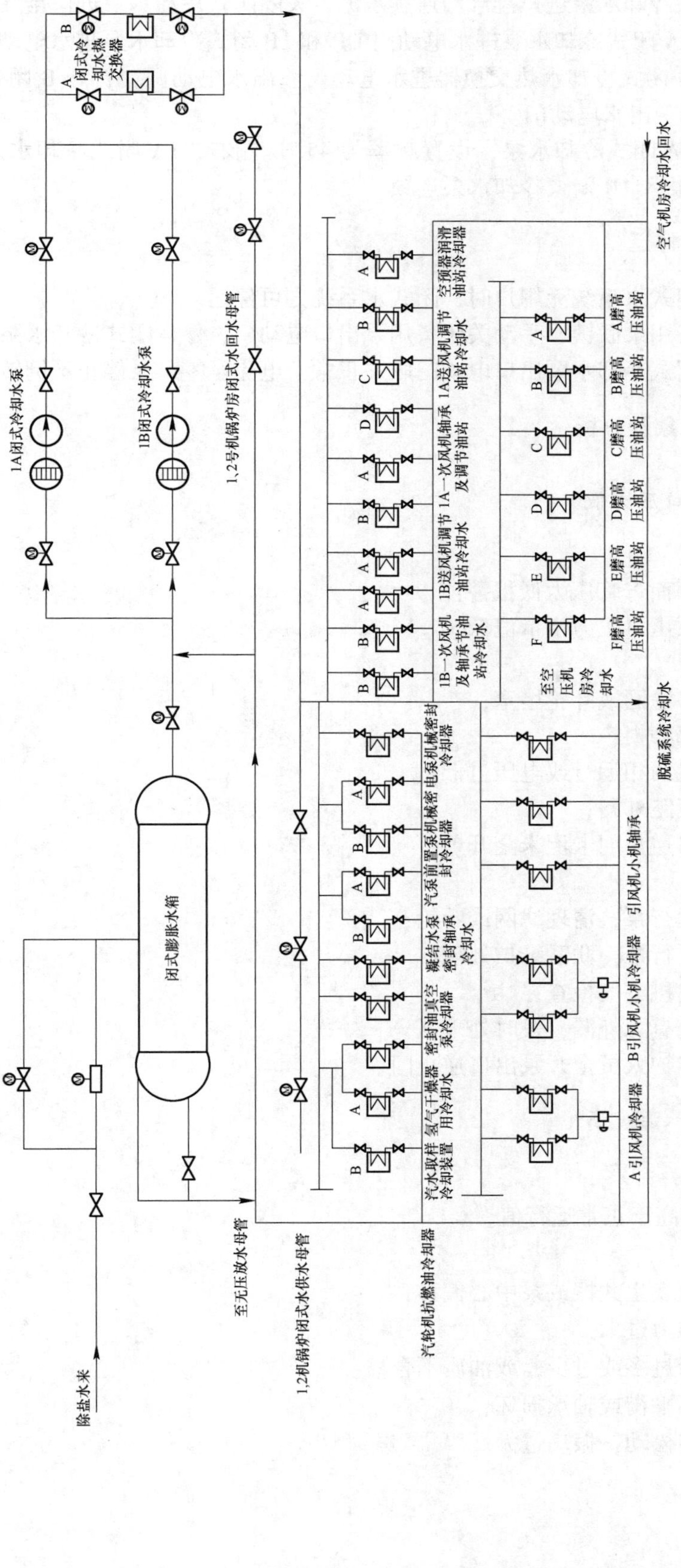


图 2-3　闭式水系统流程图

（5）待闭式冷却水泵进口排气门连续水流，关闭闭式冷却水泵进口排气门。

（6）打开 1A 闭式冷却水泵进水电动门 DP 和 1B 闭式冷却水泵进水电动门 DP。

（7）打开 A 闭式冷却水热交换器进水电动门、出水电动门，打开 B 闭式冷却水热交换器进水电动门、出水电动门。

（8）启动 1A 闭式冷却水泵，设置频率为 45 Hz 左右，1A 闭式冷却水泵出水电动门 DP 联锁开启，投入 1B 闭式冷却水泵连锁。

## 五、系统的停运

（1）确认闭式水系统无用户时，闭式水系统方可停运。

（2）解除备用泵联锁，手动关闭备用泵出口电动门，停运闭式冷却水泵。

（3）检查闭式冷却水泵出口电动门联关正常，电流至零，泵停止不倒转。

## 六、故障现象及分析

### （一）泵出口压力低

1. 现象

（1）DCS 画面母管压力低报警；

（2）就地泵出口压力指示值低。

2. 原因

（1）泵入口滤网或叶轮堵塞；

（2）泵内部磨损；

（3）电动机两相运行或电压过低；

（4）系统管路外漏；

（5）泵出口逆止门卡涩未全开。

3. 处理

（1）切换运行泵，清理滤网或叶轮；

（2）切换运行泵，联系维护处理；

（3）进行电机电气检查；

（4）查系统有无外漏，及时处理；

（5）联系维护人员全开泵出口逆止门。

### （二）泵轴承温度高

1. 现象

泵轴承温度高于正常运行值。

2. 原因

（1）管道内发生共振或泵中心偏移；

（2）轴向推力过大；

（3）润滑脂过多或过少，或油质不合格；

（4）转子不平衡或轴承损坏；

（5）泵基座松动，振动过大。

## 复习思考题

1. 使冷却水在散热器和水套之间进行循环的水泵旋转部件叫作（ ）。(单选，下同)

A. 叶轮 B. 风扇 C. 壳体 D. 水封

2. 冷却系统中提高冷却液沸点的装置是（ ）。

A. 水箱盖 B. 散热器 C. 水套 D. 水泵

3. 水泵泵体上溢水孔的作用是（ ）。

A. 减少水泵出水口工作压力 B. 减少水泵进水口工作压力

C. 及时排出向后渗漏的冷却水 D. 便于检查水封工作情况

# 任务 2-4　辅助蒸汽系统

## 一、系统介绍

保证机组安全可靠的启动和停机，以及在低负荷和异常工况下提供必要的、参数和数量都符合要求的汽源，同时向有关设备提供生产加热用汽，以保证机组的安全经济运行。

## 二、主要设备及作用

主要设备有供汽汽源、用汽支管、辅助蒸汽联箱、减压减温装置、疏水装置以及其连接管道阀门等。

辅助蒸汽联箱：将管径不等、用途不同的管道通过联箱有机地连接在一起，混合工质，交换工质位置，减少热偏差。

## 三、系统流程及主要参数

辅助蒸汽来源有启动锅炉来汽、邻炉来汽、再热冷段来汽和汽机抽汽。主要供汽对象有除氧器、轴封、小汽轮机用汽等。本系统流程见图 2-4。

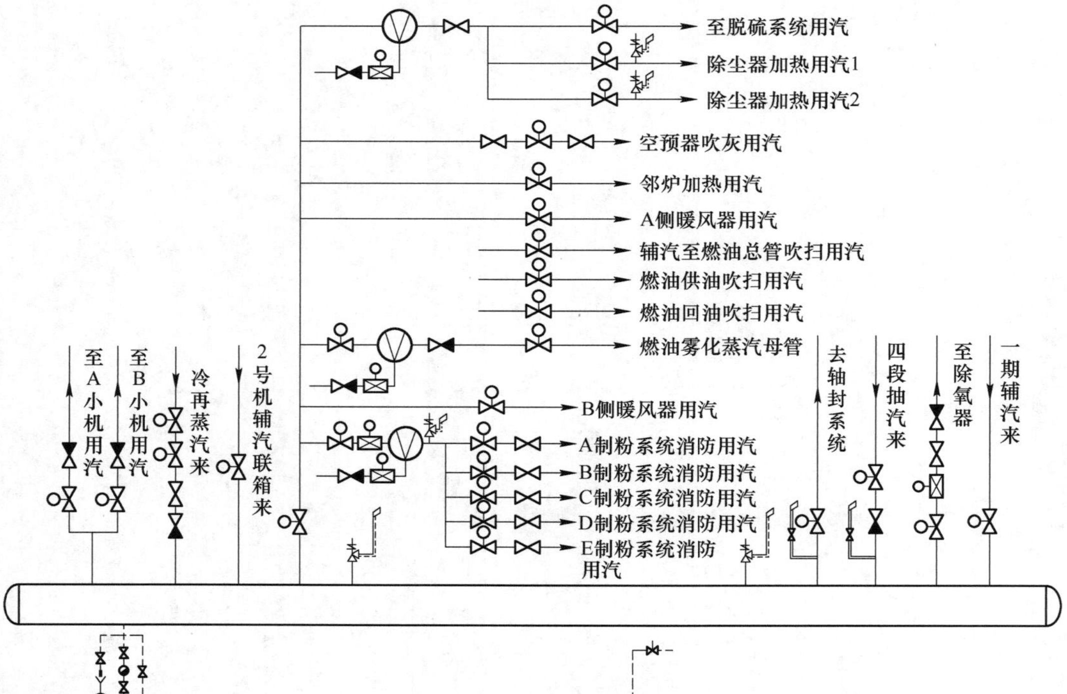


图 2-4　辅助蒸汽系统图

（1）辅助蒸汽温度：温度低会使蒸汽温度不够，导致供给其他设备的温度不足。

（2）辅助蒸汽压力：维持一定的压力，为其他设备提供稳定气源。

## 四、系统的启动

（1）开启辅助蒸汽供汽管道上各疏水手动门，辅助蒸汽联箱疏水总门，辅助蒸汽联箱疏水器前后手动门。

（2）打开辅助蒸汽至燃油系统吹扫供汽手动门，辅助蒸汽至氨区供汽手动门，辅助蒸汽至空预器吹灰供汽手动门。

（3）打开冷再至辅助蒸汽供汽手动门。

（4）打开 1 号机辅助蒸汽至炉侧供气减温水手动总门，1 号机辅助蒸汽至炉侧供汽减温水调节门前、后手动门。

（5）开启辅助蒸汽供汽管道上各疏水气动门。

（6）打开辅助蒸汽联箱至除氧器电动门，再热冷段至辅助蒸汽联箱电动门。

（7）打开锅炉房至辅助蒸汽电动门，辅助蒸汽联箱至锅炉房电动门，辅助蒸汽至空预器吹灰电动门。

（8）暖管充分后，关闭辅助蒸汽供汽管道上各疏水门。

（9）待凝结水系统启动，用户侧需求蒸汽时，投入锅炉房辅助用气减温水调节阀“自动”设定值（260 ℃）。

## 五、系统的停运

（1）机组运行期间，机组辅助蒸汽系统应保持连续运行。

（2）机组停运后确认机组辅助蒸汽系统没有用户时，关闭辅助蒸汽联箱气源门和联络门，退出辅助蒸汽运行。

（3）停运本机辅助蒸汽前应联系临机注意临机辅助蒸汽压力，而后依次关闭辅助蒸汽联络门、本机辅助蒸汽联箱气源门，退出辅助蒸汽运行。

（4）开启辅助蒸汽联箱排池地沟疏水消压放水。

## 六、故障分析及处理

故障：安全阀漏蒸汽。

现象描述：现场发现阀门顶部和安全阀排汽孔有少量蒸汽飘出。

原因分析：现场对阀门进行拆除并进行打压测试，确认阀门存在内漏无法稳定在安全阀额定压力。由于阀门排汽管排水未安装，现场为盲板，阀门内漏后蒸汽在阀门后的排汽管道冷凝，积水暂存在安全阀门内部和排汽口弯管附近，进汽后对阀门进行加热导致阀门内积水受热蒸发。蒸汽沿着阀门法兰缝隙从阀门顶部排出。

处理措施：

（1）对阀门进行解体清洁，清除阀门内部异物，同时对阀门密封面进行试压，试压合格后进行回装。

（2）将阀门排汽管排水装置采用临时软管进行恢复，保障阀门管道内无积水残留。

## 复习思考题

1. 辅助蒸汽系统的主要设备有哪些？
2. 辅助蒸汽有什么作用？

# 任务 2-5　润滑油系统

## 一、系统介绍

润滑油系统的主要作用是向汽轮发电机组的各轴承（包括支撑轴承和推力轴承）、盘车装置提供合格的润滑冷却油。汽轮机正常运行中采用主油泵供油方式。主油泵由汽轮机直接驱动。在汽轮发电机组盘车、启动、停机过程中，顶轴油装置向各轴承油囊提供顶轴油，在各个轴颈底部建立静压油膜，托起轴颈，使盘车顺利盘动转子，机组正常运行时润滑油在轴承中要形成稳定的油膜，以维持转子的良好旋转。另外，润滑油还为主机盘车系统、发电机密封油系统提供稳定可靠的油源。

## 二、主要设备及作用

主要设备包括主油泵、主油箱、交流启动油泵、冷油器、交流润滑油泵、直流润滑油泵、油涡轮增压泵、集装油箱、排烟装置、套装油管路、切换阀。

（1）主油泵：是主轴驱动的离心泵，水平地安装在汽轮机的前轴承箱内，泵轴与汽轮机的主轴刚性连接。主轴转速达到 90%额定转速后主轴油泵开始正常供油。

（2）交流启动油泵：用于机组启动过程中，汽轮机转速低于约 90%额定转速时，油涡轮无法正常工作，无法向主油泵正常供油，应启动交流启动油泵向主油泵供油。

（3）交流润滑油泵：在机组启动、停机及事故工况时为汽轮机提供润滑油。

（4）直流润滑油泵：在机组事故工况，系统供油无法满足需要或交流电源失去情况下使用，提供保证机组顺利停机需要的润滑油。

（5）射油器：主油泵的高压排油分为两路，一路进入油箱内的射油器，从油箱中吸取润滑油后供主油泵，另一路将润滑油供给汽轮机轴承及各系统。

（6）主油箱：主油箱采用集装方式，将油系统中的大量设备，如交流润滑油泵、直流事故油泵、交流启动油泵、油涡轮增压泵、油烟分离装置、切换阀、油位指示器和电加热等，集中在一起，布置在油箱内，方便运行、监视，简化油站布置，便于防火，增加了机组供油系统运行的安全可靠性。油箱容量 38 $m^3$，满足在厂用电失去的同时冷油器断冷却水情况下，仍能保证机组安全惰走停机。

（7）排烟装置：系统设有两台排烟装置，安装在集装油箱盖上，将排烟风机与油烟分离器合为一体。该装置将汽轮机回油系统及各轴承油箱回油腔室形成微负压，以保证回油通畅，并对系统中产生的油烟混合物进行分离，将烟气排出，油滴送回油箱。

（8）冷油器：润滑油从轴承摩擦和转子传导中吸收大量的热量，为保持油温合适，需要冷油器带走油中的热量。油系统设有两台板式冷却器，以开式水作为冷却介质。

（9）套装油管路：是将高压油管布置在低压回油管内的供油回油组合式管路。套装油管路为一根大管内套若干根小管的结构，小管输送高压油、润滑油，主油泵吸入油，大小管之间的空间作为回油管道。套装油管分为两路：一路去前轴承箱，另一路去后轴承箱及发电机轴承。另外顶轴油管也采用套管结构，各顶轴油管从润滑油母管进入各轴承箱。

（10）切换阀：切换阀为筒状板式结构，安装于集装油箱内。因冷油器选用 100%备用容量，故采用切换阀作为两台冷油器之间的切换设备，它具有操作简便及不会由于误动作造成润滑油断油的特点。当运行冷油器结垢严重，使冷油器出口油温偏高时，可通过切换阀切换工作位置，投入另一台冷油器；当冷油器出口油温超过最高允许值时，还可通过切换阀的工作位置，使两台冷油器同时投运，满足供油要求。

## 三、系统流程及主要参数

本系统流程见图 2-5。

（1）主油箱油位：储存润滑油，保障各设备正常运行。

（2）润滑油油温：润滑油油温过高会使油膜黏度降低，轴承的油膜承载能力下降，导致轴承间产生干摩擦，不能将轴承间产生的高温带走，损坏设备，加剧润滑油恶化。

（3）润滑油压力：润滑油油压过低是指润滑油系统在运行状态下油压不能恒定在规定压力范围内。如果油压不能在规定压力范围内，轴径和轴瓦间不能建立正常的油膜。

## 四、系统的启动

### （一）启动前检查

（1）确认润滑油系统、发电机密封油系统检修工作全部结束，工作票已终结。管道和设备完整良好，场地清洁无杂物。

（2）确认主机润滑油系统、发电机密封油系统已检查完毕。

（3）确认所有热工仪表齐全、指示正确。

（4）确认润滑油系统联锁、保护试验正常，声光报警正常。

（5）确认主油箱油位正常。注：系统放油阀及油箱事故放油门关闭。

（6）检查冷油器切换阀在一侧位置并锁定，冷油器冷却水系统正常，开启冷油器冷却水进、出口阀。开启润滑油油温调节阀前后手动门。

（7）测量交流润滑油泵、交流启动油泵、直流事故油泵绝缘合格并送电。

### （二）润滑油系统启动

（1）启动主油箱排烟风机，检查电机温度、振动和声音均正常，备用排烟风机投入联锁。

（2）启动交流润滑油泵运行，检查电流、振动均正常，系统无泄漏，润滑油母管压力正常，各处压力指示正确。

（3）根据需要开启轴承润滑油供密封油手动门对密封油真空油箱及密封油系统注油。

（4）对主机冷油器油侧排气一次后关闭，检查冷油器进出口油压正常。

（5）交流润滑油泵启动后，应密切监视主油箱油位和油净化装置油位，油位低时及时补油。

（6）试转直流事故油泵正常后投联锁备用。

（7）待润滑油温度达到 38 ℃后，及时投入主机冷油器冷却水。

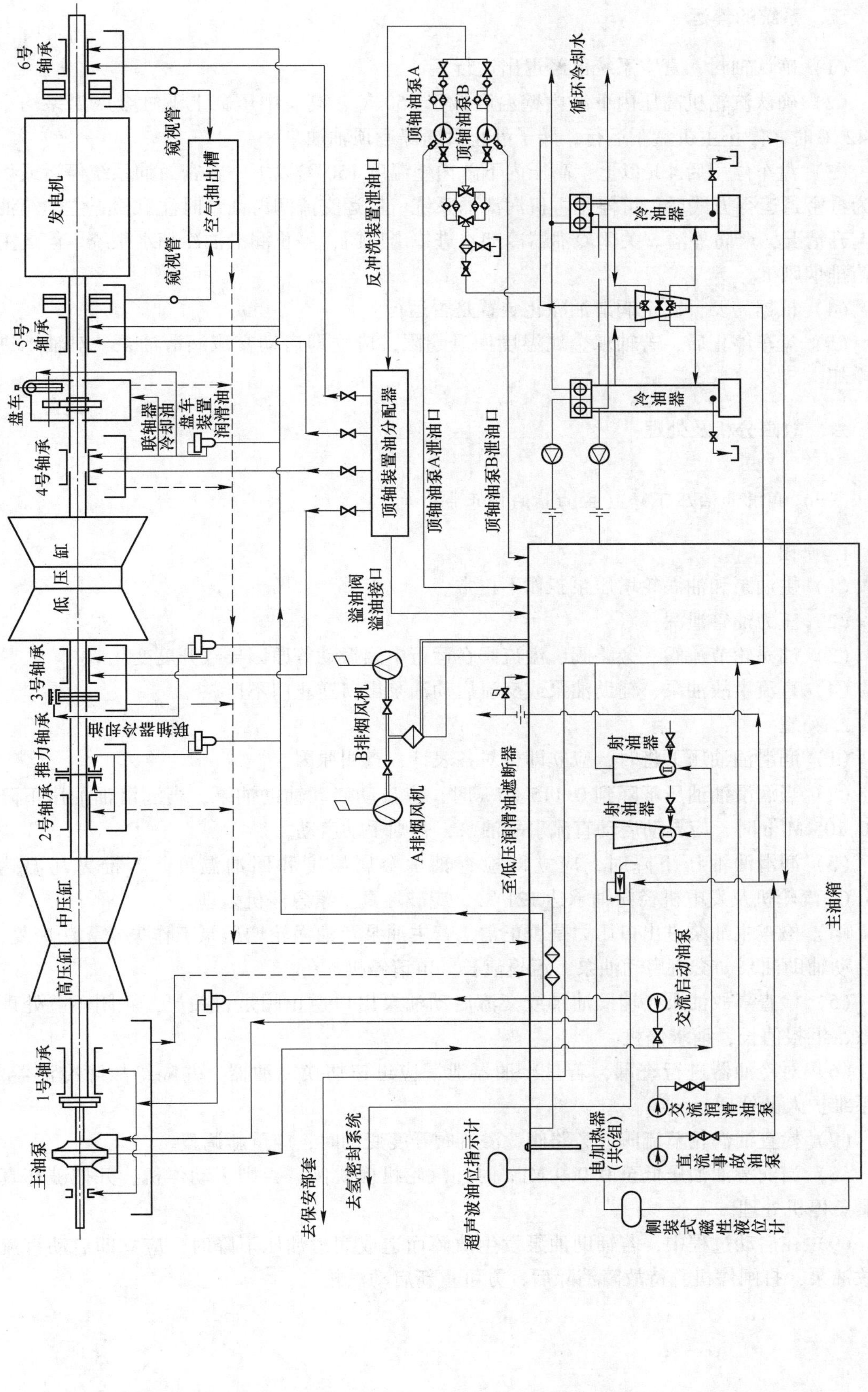
6号轴承
5号轴承
盘车
联轴器冷却油
盘车装置润滑油
4号轴承
低压缸
3号轴承
联轴器冷却
推力轴承
2号轴承
中压缸
高压缸
1号轴承
主油泵
发电机
窥视管
窥视管
空气抽出槽
反冲洗装置泄油口
顶轴油泵A
顶轴油泵B
顶轴装置油分配器
顶轴油泵A泄油口
顶轴油泵B泄油口
循环冷却水
冷油器
冷油器
溢油阀溢油接口
B排烟风机
A排烟风机
至低压润滑油遮断器
射油器
射油器
主油箱
交流启动油泵
交流润滑油泵
直流事故油泵
电加热器(共6组)
超声波油位指示计
侧装式磁性液位计
去氢密封系统
去保安部套
图2-5　润滑油系统图

## 五、系统的停运

（1）确认轴封、真空系统已经退出运行。

（2）确认汽轮机高压内下缸内壁温度低于150 ℃，高、中压缸上下缸金属温差均小于42 ℃时，停止主机盘车运行，转子静止后，停运顶轴油泵。

（3）盘车停用后4 h以上、高压内下缸内壁温度150 ℃以下，在密封油系统停运或切换为自密封运行方式后，可停用主机润滑油系统。停运交流润滑油泵时注意检查主油箱油位上升情况，严防外溢。关闭冷油器冷却水进、出口门，停止润滑油冷却水系统。停运主油箱排烟风机。

（4）根据需要，决定润滑油净化装置是否运行。

（5）盘车停止后，若轴承金属温度回升超限，应立即启动交流润滑油泵，对轴承进行冷却。

## 六、故障分析及处理

### （一）润滑油油压下降（主油箱油位正常）

1. 原因

（1）主油泵和油涡轮增压泵工作不正常。

（2）压力油管泄漏。

（3）油涡轮节流阀、旁路阀、溢流阀在运行中因振动等原因导致开度变化。

（4）直流事故油泵、辅助油泵或交流启动油泵出口逆止门不严。

2. 处理

（1）润滑油油压下将时，应立即核对各表计，查明原因。

（2）当润滑油油压下降到0.115 MPa时，应自动启动辅助油泵，当润滑油油压下降到0.105 MPa时，应自动启动直流事故油泵，否则手动启动。

（3）润滑油油压下降时，应立即检查轴承金属温度和回油温度。若推力瓦温达115 ℃、汽轮机及发电机径向轴承达121 ℃，应破坏真空紧急停机处理。

（4）检查主油泵进出口压力是否正常，若主油泵及油涡轮增压泵工作失常无法恢复，应启动辅助油泵、交流启动油泵，汇报值长，申请停机。

（5）检查事故油泵、辅助油泵或交流启动油泵出口逆止阀是否关严，关闭不严处理无效，汇报值长，请求停机。

（6）对冷油器进行查漏，若是冷油器泄漏应迅速切换冷油器，并隔绝故障冷油器，联系维护人员处理。

（7）检查油涡轮节流阀、旁路阀、溢流阀开度变动时，应重新调整。

（8）当润滑油油压低至0.069 MPa时，汽轮机应跳闸，否则手动停机，并按破坏真空紧急停机处理。

（9）在启动过程中，若辅助油泵发生故障而造成润滑油压下降时，应立即启动直流事故油泵，打闸停机，待故障消除后，方可重新启动汽轮机。

### （二）润滑油油温高

1. 原因

（1）冷却水温高、冷却水中断或减少。

（2）油温自动调节失灵。

（3）冷油器脏污堵塞。

（4）加热器误投。

（5）油质不合格。

2. 处理

（1）汽轮机各轴承回油温度升高，则应检查供油压力、供油温度和流量是否正常，检查冷油器工作是否正常，并采取措施及时处理。

（2）通过主油箱取样门检查润滑油是否乳化，必要时联系化学人员化验油质。

（3）若汽轮机某一轴承回油温度升高，则应检查轴承回油量是否正常。

（4）油温自动调节失灵，应及时手动调节油温正常，联系检修人员处理。

（5）冷油器脏污，应切换至备用冷油器，调整油温、油压正常，将原运行冷油器隔离，联系检修人员清理。

（6）若加热器误投，应及时停运。

（7）若系冷却水中断、冷却水压力降低或冷却水温升高，应尽快恢复正常；如电动滤水器差压大，应立即转动排污。

## 复习思考题

1. 电厂中润滑油系统的管道通常是（　　）。（单选）

A. 红色　　B. 白色　　C. 黄色

2. 电厂风机用润滑油为（　　）。（多选）

A. 汽轮机油　　B. 液压油　　C. 齿轮油　　D. 润滑脂

3. 汽轮机润滑油系统主要由哪些设备组成？

# 任务 2-6　发电机密封油系统

## 一、系统介绍

密封油系统顾名思义是起到密封发电机里氢气的作用，并且给密封瓦润滑，防止发电机里的氢气逸出或空气进入发电机里，影响发电机的正常运行，密封油来自主机润滑油。

## 二、主要设备及作用

设备介绍：排烟风机、空气抽出槽、差压调节阀、回油扩大槽、浮子油箱、滤油器、事故密封油泵、进油喷嘴、真空油箱、再循环喷嘴、再循环油泵、主密封油泵、密封油真空泵。

作用：

（1）排烟风机：将在运行中产生的烟气以及从密封油中分离出的空气等气体及时排出，保持油箱处于微负压状态。

（2）空气抽出槽：发电机汽端和励端的空气侧密封油回油排至空气抽出槽内，油中的气体分离后经排烟风机抽出后排厂外大气，润滑油经回油管回汽轮机主油箱，空气抽出槽安装位置低于氢侧回油扩大槽以确保回油流畅。

（3）差压调节阀：稳定地维持某一油氢压差值，保证密封油的压力始终高于发电机内氢气压力一定值。

（4）回油扩大槽：气端和励端的氢气侧回油流入回油扩大槽扩容，使油中混入的氢气充分析出，低纯度的氢气通过扩大槽上部的排气管排出。所以说回油扩大槽上部充满氢气，下部充满回油。

（5）浮子油箱：是使油和氢气进一步分离，且监视回油扩大槽中的油位，防止回油扩大槽中的油位过高流入发电机中。利用连通管原理，扩大槽和浮子油箱气侧串联，油侧串联。

（6）滤油器：滤油器设置在压差调节阀的进口管路上，用以滤除密封油中的固体杂质。

（7）事故密封油泵：该油泵由直流电动机驱动，在主密封油泵发生故障时投入运行。

（8）进油喷嘴：将补充进真空油箱的油在喷嘴处进行很好的扩散，加速气、水从油中分离。

（9）真空油箱：真空油箱在真空泵的工作下保持真空油箱中的真空度，将密封油中的空气和水分离出来，通过真空泵和真空管路排至厂房外。防止空气和水分对发电机内氢气造成污染。

（10）再循环喷嘴：将再循环的油在喷嘴处进行很好的扩散，加速气、水从油中分离。

（11）再循环油泵：通过管路使真空油箱中的油形成一个局部循环回路，从而使油得到更好的净化。

（12）主密封油泵：一般有两台主密封油泵，一台工作，一台备用。将密封油升压后送入发电机密封瓦。

（13）密封油真空泵：是将密封油中含有的空气和水分从真空油箱中分离出来，通过真空泵和真空管路排至厂房外，从而使进入密封瓦的油得以净化，防止空气和水分对发电机内的氢气造成污染。

## 三、系统流程及主要参数

系统运行流程：轴承润滑油管路→真空油箱→交流密封油泵→滤油器→差压调节阀→发电机密封瓦→发电机内侧（以下称氢侧）→回油扩大槽→浮子油箱→空气抽出槽→轴承润滑油排油→汽轮机主油箱；发电机外侧排油（以下称空侧）→空气抽出槽→轴承润滑油排油→汽轮机主油箱。本系统流程见图 2-6。

（1）主密封油泵电机电流：启动后观察电机电流在正常范围内，如有异常增大，及时检查并消除故障。

（2）密封油真空油箱油位：储存一定量密封油，保证密封油泵正常启动，如果油位低可从润滑油系统补油。

（3）交流密封油泵出口母管压力：母管压力正常保证密封油压力始终高于发电机氢气压力，避免氢气外漏。

## 四、系统的启动

（1）检查密封油的各油箱油位无高、低报警。

（2）打开密封油真空泵冷却水进、出口门。

（3）打开密封油 A 排烟风机进油门，打开密封油 B 排烟风机进油门，油氢差压阀氢侧进口门，油氢差压阀油侧进口门，打开密封油差压调节阀前、后手动门，稍开密封油差压调节阀旁路门（20%开度左右），打开密封油 A、B 滤油网进口手动门，密封油 A、B 滤油网出口手动门，密封油泵出口母管供油手动门，密封油泵出口母管过压阀前、后手动门，密封油泵进口门，A、B 主密封油泵进口门，打开密封油供油母管再循环门。

（4）打开事故密封油泵入口手动门，密封油真空油箱进油门，主机润滑油至密封油供油门，打开密封油浮子油箱进、出油门，密封油浮子油箱排氢门，密封油回油扩大槽励端排汽一、二次门，密封油回油扩大槽汽端排汽一、二次门。

（5）打开密封油真空泵入口手动门。

（6）启动密封油真空泵，启动密封油 A 排烟风机，投入联锁，启动 A 或 B 主密封油泵，主密封油泵投入联锁，启动密封油真空油箱再循环泵，事故密封油泵投入联锁备用。

## 五、系统的停运

（1）机组停运，盘车已停运，发电机内为空气且压力接近大气压力，方可停止密封油系统运行。

（2）关闭润滑油系统至密封油系统供油阀门。

（3）停止密封油真空泵，打开真空油箱的真空破坏阀门，破坏真空。

（4）退出相关密封油泵联锁，停止运行密封油泵，停止密封油再循环泵。

（5）停止空气抽出槽排烟风机运行。

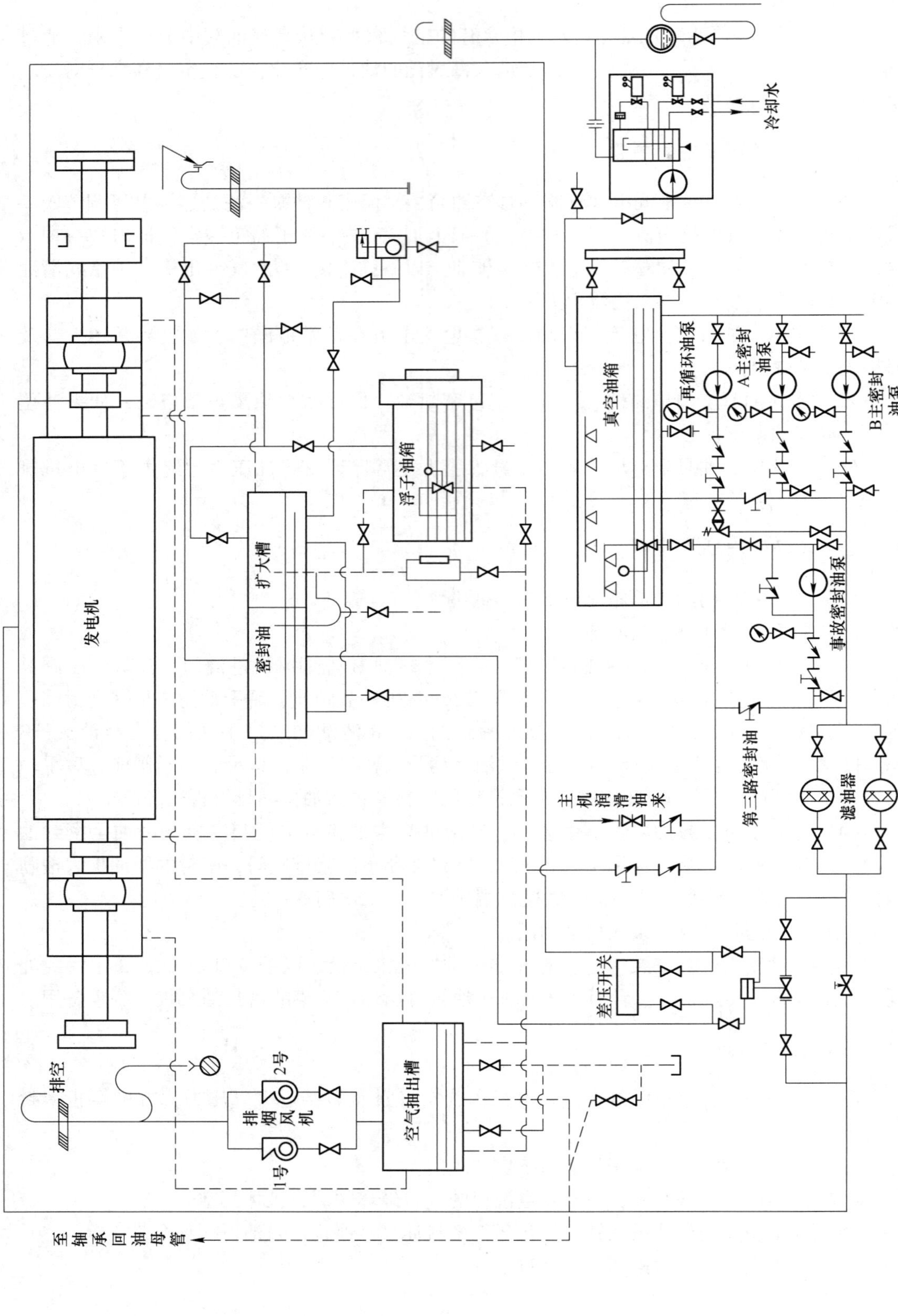


图2-6　发电机密封油系统

## 六、故障分析及处理

故障：油氢压差低。

### （一）现象

（1）密封油压力指示值下降、报警。
（2）油氢差压指示值减小、报警。
（3）发电机氢气纯度下降。
（4）发电机氢气压力下降速度加快。

### （二）原因

（1）压差调节阀跟踪性能不好。
（2）密封油滤油器堵塞。
（3）表计误差。
（4）安全门或溢流门发生故障。
（5）密封油泵发生故障。

### （三）处理

（1）如果检查是差压阀动作失灵，应通知检修人员调整，必要时切换为旁路。

（2）如滤网堵塞则应该切换为备用滤网运行，联系检修人员清理。

（3）发现密封油压力下降，应立即核对就地压力表计进行确认，通过再循环门调节油压正常。

（4）及时查找油系统泄漏点，设法隔离。

（5）油泵发生故障，及时切换故障泵，通知检修人员处理。如果在两台交流密封油泵发生故障的情况下，可启动事故密封油泵。必须做好以下工作：

1）事故密封油泵运行时，每 8 h 对发电机进行排补氢工作。排氢通过密封油回油扩大槽上的排放阀缓慢进行，以保证发电机内氢气纯度在 95%以上，并注意油氢差压调节正常。

2）事故密封油泵运行，且估计 12 h 内交流密封油泵不能恢复运行，则应停运密封油再循环泵及密封油真空泵，关闭真空油箱进油阀，将真空油箱破坏真空后退出运行。

3）当各密封油泵均发生故障时，将密封油倒为润滑油直供，发电机应紧急停机并排氢直至能对机内氢气进行密封为止。

4）当主机润滑油至密封油供油停止，密封油自循环时，应注意监视各油箱油位、油氢差压、密封油真空油箱真空正常，氢压低时及时补氢。

5）如果密封油系统的安全门或溢流门发生故障，应解列后通知检修人员处理。

## 复习思考题

1. 发电机运行过程中，密封油压高于机内氢压多少？
2. 发电机密封油来源于哪个系统？

# 任务 2-7 发电机氢气系统

## 一、系统介绍

发电机氢气系统是为汽轮发电机组提供干燥、安全、可靠的氢气，用以冷却发电机的定子、铁芯及转子。一般选择二氧化碳作为氢气与空气置换的中间介质。

## 二、主要设备及作用

氢气系统主要设备及作用如下：

(1) 氢气干燥器：用发电机内风扇压差迫使氢气通过制冷装置流动，含有水分的热氢气遇到冷管壁时，水分在管壁上结露而析出，从而达到干燥氢气的目的，防止发电机内结露，保证发电机在允许的温度范围内正常运行。一般是一台运行，一台化霜。也可以互为备用。

(2) 氢气压力控制装置：氢气压力控制装置由压力开关、氢压调节器、阀门和压力表等组成。该装置的顶部表示平时指示机内氢气压力，当调整氢压调节阀的输出压力时，则用于指示此时整定压力值。装置的底部表计指示氢源压力。氢源侧装有一个压力开关，当供氢压力低于整定值时发出报警。

(3) 漏液检测器：是指装在发电机机壳和主出线盒下面的浮子开关，其可指示发电机内可能存在的任何液体。

(4) 气体纯度及压力监测装置：由一次设备压力监测变送装置和二次设备气体纯度仪组成。气体纯度仪在正常运行中，当发电机内氢气纯度下降到 90%规定的极限时，相应的低报警输出触点闭合。

(5) 氢气温度报警（冷氢温度）：发电机里设有氢气温度开关，当发电机内的冷氢温度过分高时能发出报警。

(6) 发电机绝缘过热监测装置：该装置能诊断发电机内绝缘局部过热故障，经机内气体采样进行质谱分析以后，能区分发电机定子线棒、铁芯和转子绕组不同部位绝缘过热故障，该装置安装于发电机下部，并有输出信号。

(7) 氢气冷却器：将氢气从发电机内吸收的热量通过闭式水带走。

## 三、系统流程及主要参数

本系统流程见图 2-7。主要参数有氢气干燥器出口氢气湿度、氢气干燥器进口氢气湿度、氢气流量、发电机内气体压力、发电机内氢纯度、氢气减压器进口压力、最大氢气压力（发电机机壳内）、额定氢压允许变化范围、发电机机壳内氢气纯度、发电机补氢纯度、发电机补氢湿度（露点）。

## 四、系统的启动

(1) 打开 1 号、2 号二氧化碳汇流排减压阀前后手动门、二氧化碳汇流排出口总门。

(2) 打开发电机进口气体干燥器旁路门、发电机氢气进口门、发电机排氢门。

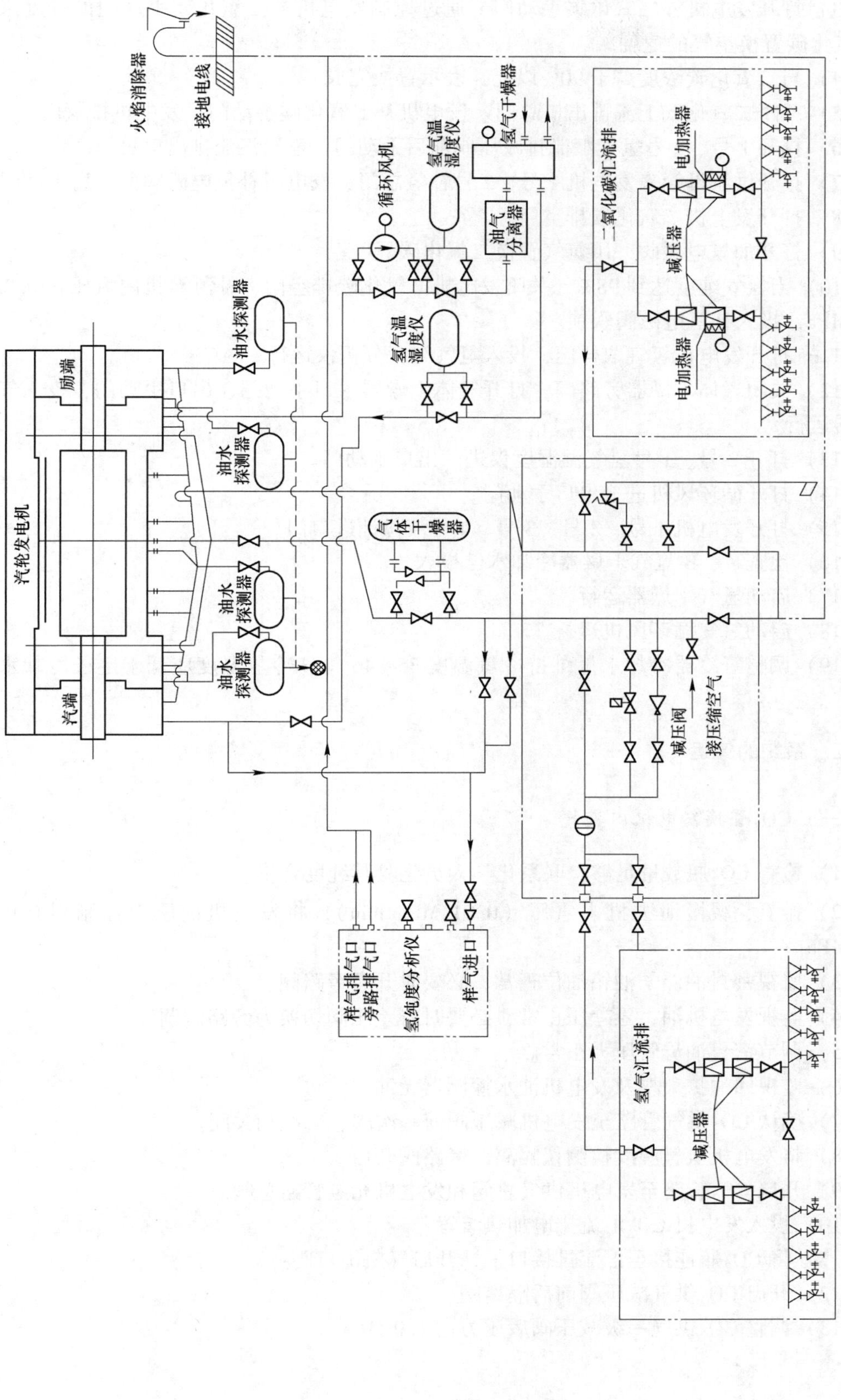


图2-7　发电机氢气系统图

（3）打开发电机补二氧化碳手动门，通过控制发电机补二氧化碳手动门的开度来控制二氧化碳置换空气的速度。

（4）当二氧化碳浓度高于 90%以上，表示置换完成。

（5）关闭二氧化碳汇流排出口总门、发电机补二氧化碳手动门、发电机排氢门。

（6）打开 1 号、2 号氢气汇流排减压阀前后手动门、氢气汇流排出口总门。

（7）打开供氢母管来发电机 1 号、2 号补氢总门、发电机补氢电磁阀前、后手动门。

（8）打开发电机二氧化碳排空门。

（9）打开加氢电磁阀，用氢气置换二氧化碳。

（10）当氢气纯度达到 98%，关闭发电机二氧化碳排空门，补氢至机内氢压在 0.22~0.25 MPa，投入补氢电磁阀联锁。

（11）打开发电机氢气取样门，投入氢气纯度分析仪运行。

（12）关闭气体干燥器旁路门，打开气体干燥器入口手动门、出口手动门，投入气体干燥器运行。

（13）打开 2 号、1 号氢气温湿度仪进、出口手动门。

（14）打开循环风机进、出口手动门。

（15）打开发电机 1 号、2 号、3 号、4 号液位计进口门。

（16）检查 A、B 氢气干燥器冷却水已投入。

（17）启动氢气干燥器运行。

（18）启动氢气循环风机运行。

（19）调整氢冷器冷却水量维持冷氢温度 35~46 ℃，冷氢温度应低于定子冷却水温 2~5 ℃。

## 五、系统的停运

### （一）$CO_2$置换发电机内氢气

（1）检查 $CO_2$瓶数量足够，联系化学人员化验其纯度合格。

（2）排氢，缓慢泄去机内氢压（0.01 MPa/min），将发电机内压力控制到 0.03~0.05 MPa。

（3）监视密封油浮子油箱油位正常，必要时开启旁路阀。

（4）监视发电机油、氢差压正常，必要时将差压阀切换为旁路阀调节。

（5）调节密封油母管压力正常。

（6）监视回油扩大槽及发电机油水探测器无油位。

（7）确认 $CO_2$供气管路至发电机减压阀前一次阀、二次阀关闭。

（8）将发电机氢气湿度检测仪隔离，旁路阀开启。

（9）开启 $CO_2$管路至发电机供气总阀和发电机充氢管路总阀。

（10）投入发电机 $CO_2$汇流排电加热装置。

（11）将 $CO_2$瓶连接至汇流排接口上，开启气瓶出口阀。

（12）开启 $CO_2$供气减压阀前后隔离阀。

（13）调整 $CO_2$供气一级减压阀后压力达 1.0 MPa。

（14）调整 $CO_2$供气二级减压阀后压力达 0.2 MPa。

（15）微开发电机充氢管路排污总阀，将发电机内部气压控制在 0.02~0.04 MPa。

（16）开启气体置换纯度检测装置进口手动阀。

（17）监视置换分析仪表 $CO_2$纯度达 85%，开启各管路排污阀进行排污。

（18）监视置换分析仪表及各死角排放处 $CO_2$纯度达 96%，关闭 $CO_2$供气管路至发电机减压阀后隔离阀、供氢管路置换控制阀。

（19）关闭 $CO_2$供气减压阀前后隔离阀。

（20）关闭所有 $CO_2$瓶出口阀，根据情况将 $CO_2$瓶从控制排接口拆除。

（21）$CO_2$置换发电机内氢气完毕。

（22）在发电机密封油系统停运前，保持发电机内压力 0.02~0.04 MPa。

### （二）压缩空气置换机内 $CO_2$

（1）确认发电机内已置换为合格的 $CO_2$，纯度≥98%。

（2）确认发电机内 $CO_2$压力在 0.02~0.04 MPa。

（3）确认仪用压缩空气系统正常。

（4）将压缩空气管与氢气去湿装置连接好。

（5）确认发电机至氢气去湿装置进气阀及氢气去湿装置出口至发电机隔离阀开启。

（6）适当开启压缩空气至氢气去湿装置一、二次阀，发电机充空气。

（7）开启供 $CO_2$管路至发电机总阀。

（8）开启供氢管路至发电机总阀。

（9）开启 $CO_2$供气管路置换控制阀。

（10）调整发电机气体置换控制总阀，维持发电机内部气压为 0.02~0.04 MPa。

（11）监视置换分析仪表 $CO_2$纯度≤15%，开启各管路排污阀进行排污。

（12）监视置换分析仪表及各死角排放处 $CO_2$纯度≤5%，关闭 $CO_2$ 供气管路置换控制阀、发电机气体置换控制总阀。

（13）关闭气体置换检测装置进口手动阀。

（14）关闭压缩空气至氢气去湿装置一、二次阀。

（15）确认发电机氢气去湿装置已停电。

（16）置换结束后发电机内压力维持在 0.05 MPa 以上。

（17）压缩空气置换 $CO_2$结束。

## 六、故障分析及处理

氢气纯度直接影响发电机的效率，氢气纯度下降则气体密度增加，可引起通风损耗增加，即发电机效率下降，最终使得发电厂的经济利益受到一定影响。当发电机氢气纯度下降接近 98%时，组织现场人员进行发电机氢气排污。

影响发电机氢气纯度的因素主要有以下几个方面：

（1）发电机气体置换时，死角置换不彻底；

（2）若有氮气接入氢系统时，误开相关阀门；

（3）发电机氢气冷却器泄漏，氢气湿度上升而造成纯度下降；

（4）测量仪表出现问题；

（5）氢站所制氢气品质差；

（6）发电机密封油系统运行不正常。

## 复习思考题

发电机氢气系统应进行哪些维护工作？

# 任务 2-8　发电机定子冷却水系统

## 一、系统介绍

发电机定子冷却水系统的作用：在发电机运行的全过程中，提供温度、流量、压力和品质（水质和纯度）符合要求的水作为冷却介质，其水质一般为除盐水，来自化学补给水系统。在进入发电机闭式循环冷却水系统之前，冷却水先去离子装置进行离子交换，然后储存在定子冷却水箱，再由定子冷却水泵注入定子绕组。通过定子绕组空心线圈将绕组损耗产生的热量带出，在水冷却器中由开式循环冷却水带走定子冷却水从定子绕组吸收的热量。定子绕组冷却水系统是一个闭式循环水系统。

## 二、主要设备及作用

该系统的设备主要由定子冷却水箱、定子冷却水泵、定子冷却水冷却器、定子水滤网、离子交换器、电导率仪等及有关管道、流量控制开关、阀门组成。

（1）定子冷却水箱：定子冷却水箱用于储存定子冷却水。该水箱也称为氢气释放罐，由于发电机内氢气压力一般要比绕组内的水压高，所以，当发电机定子冷却水回路有渗漏故障时氢气就有可能进到定子冷却水中，当定子冷却水在水箱中卸压后，这些氢气被析离出来。为防止氢气空气混合物局部积聚，设置了排氢管线，将混合气体排到厂房外面。定子冷却水箱还装有水位计、水位报警装置、安全阀等。

（2）定子冷却水泵：定子冷却水系统中装有两台并联的离心泵，用于提高定子冷却水压力以克服流动阻力。泵的出口装有逆止阀。正常运行时一台运行，一台备用。当泵出口压力低于整定值时或定冷水流量低于设定值时，联动备用泵，以维持系统正常运行，同时报警。

（3）定子冷却水冷却器：定子冷却水冷却器由两台并联的列管式水冷器组成，冷却水由开式冷却水系统提供，将定子线圈由于电阻损耗产生的热量带走。两台冷水机相互独立运行，一台运行，一台备用。正常运行时，通过增减冷却水量来调节定子水温，保证冷却器出口定子水温在 40~50 ℃。

（4）定子冷却水滤网：定子冷却水系统中装有两台并联的定子冷却水滤网，用于过滤固体杂质。正常情况下一台运行，一台备用。定子冷却水滤网的滤芯用不锈钢网布制成，滤网筒体底部设有排污口，滤网的两端跨接着差压开关，当差压增大到比正常压差高时，发出报警信号，此时应及时将备用滤网投入运行，并清理被堵的滤网滤芯。

（5）离子交换器：离子交换器为混床式，它是一个立式箱体，内装有高交换容量的树脂，主要是用于交换氢离子的阳离子交换树脂和用于交换氢氧离子的阴离子交换树脂的混合物。约 10%的总定子冷却水通过离子交换器连续处理，以降低定子冷却水的电导率。

（6）电导率仪：检测定子冷却水的水质。

## 三、系统流程及主要参数

本系统流程如图 2-8 所示。主要参数包括定子冷却水温度、定子冷却水压力、电导率、水箱水位等。

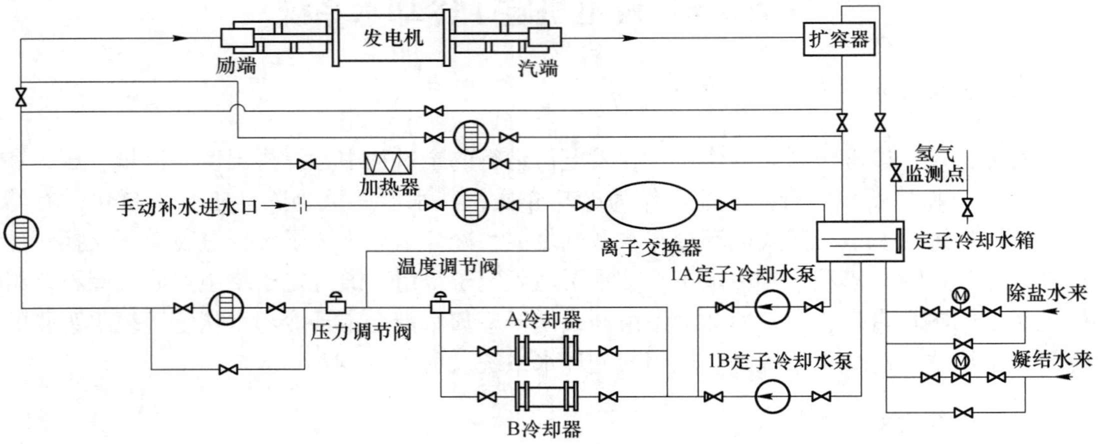


图 2-8　定子冷却水系统

## 四、系统的启动

（1）确认定子冷却水箱液位正常；

（2）打开定子冷却水 A 冷却器进、回水手动门，打开定子冷却水 B 冷却器进、回水手动门；

（3）打开定子冷却水进水隔离阀，打开定子冷却水滤网前、后手动蝶阀，打开定子冷却水 A、B 冷却器进、出水阀；

（4）打开定子冷却水至离子交换器进口隔离阀，打开定子冷却水离子交换器出口至定子冷却水箱隔离阀，打开 1A、1B 定子冷却水泵进口阀，打开定子冷却水回水隔离阀，打开定子冷却水出水管防虹吸破坏阀，微开定子冷却水至离子交换器补水门；

（5）打开除盐水至定子冷却水箱补水气动阀前、后隔离阀；

（6）打开发电机定子冷却水进口压力调节阀，投入自动，设定值 0.20 MPa 左右；

（7）启动 1A 定子冷却水泵，定子冷却水进水压力达到 0.2 MPa 左右，投入联锁备用；

## 五、系统的停运

（1）发电机解列后，定子冷却水系统应继续运行，机组停运后，方可停止向发电机通水。若机组停用时间较短则仍可向发电机通水。

（2）解除联锁开关。

（3）停止运行定子冷却水泵。

（4）若定子冷却水泵停后需检修，停动力电源，关闭泵进出口阀。

## 六、故障分析及处理

故障：定子冷却水压力降低。

（一）现象

（1）定子冷却水压力下降。
（2）定子冷却水流量下降。
（3）定子进水压力低并报警。
（4）定子冷却水回水温度及定子线圈温度升高。

（二）原因

（1）运行定子冷却水泵发生故障。
（2）定子冷却水箱水位过低。
（3）定子冷却水滤网堵。
（4）定子冷却水系统误操作。
（5）定子冷却水压力调节阀发生故障。
（6）表计失灵。
（7）定子冷却水系统泄漏。
（8）运行定子冷却水泵跳闸，备用定子冷却水泵联动不成功或联动后跳闸。

（三）处理

（1）发现定子冷却水压力降低，立即查明原因并采取措施果断进行处理，设法恢复正常运行，必要时依据发电机风温及线圈温度及时减负荷。

（2）定子冷却水泵发生故障时，应先启动备用泵再停运故障泵。

（3）检查系统有无泄漏、阀门有无误关、滤网有无堵塞、定子冷却水泵运行是否正常，并设法处理。

（4）若定子冷却水箱水位低引起系统压力低则尽快将水位补至正常。

（5）若定子冷却水压力调节阀发生故障，应手动调节，并维持定子线圈的进水压力在 0.196 MPa 且流量在 96 t/h。

（6）若经上述处理无效，定子线圈进水流量≤66.6 t/h，延时 30 s，保护动作跳发电机，否则应故障停运发电机。

## 复习思考题

1. 为什么要检测并控制好定子冷却水的电导率？
2. 简述定子冷却水系统反冲洗的流程。

# 任务 2-9　凝结水系统

## 一、系统介绍

凝结水系统将凝结水从凝汽器热井送到除氧器。超临界机组对锅炉给水的品质要求很高，为了保证系统安全可靠运行和提高循环热效率，在输送过程中，对凝结水系统进行流量控制及除盐、加热、除氧等一系列必要的环节。此外，主凝结水系统还对凝汽器热井水位和除氧器水箱水位进行必要的控制调节，以保证整个系统安全可靠运行。

## 二、主要设备及作用

凝结水系统主要设备有空冷凝汽器、两个凝汽器热井、两台凝结水泵、凝结水精处理装置、轴封加热器、低压加热器、除氧器、最小流量再循环装置、凝结水补水系统和系统的管道、阀门。

（1）凝汽器：利用低温的冷却水将汽轮机的排汽凝结成水，为汽轮机排汽口建立与维持一定的真空度、对凝结水除氧、蓄水。

（2）凝结水泵：把凝结水送回除氧器继续使用。

（3）轴封加热器：回收轴封漏汽并利用其热量来加热凝结水，减少能量损失，提高机组热效率。

（4）低压加热器：将在汽轮机内做过部分功的蒸汽抽至加热器内加热凝结水，提高水的温度，减少汽轮机排往凝汽器中的蒸汽量，降低能量损失，提高热力系统的循环效率。通常采用直立管板式加热器。加热器的受热面一般用黄铜管或无缝钢管构成的直管束或 U 形管束组成。被加热的水从上部进水管进入分隔开的水室一侧，再流入 U 形管束，U 形管在加热器的蒸汽空间吸收加热蒸汽的热量，被加热的水经加热器出口水室流出。

## 三、系统流程及主要参数

凝结水系统主要流程：凝汽器热水井→凝结水泵→凝结水精处理装置→轴封加热器→低压加热器→除氧器。本系统流程如图 2-9 所示。

主要参数如下：

（1）除氧器水位：水位过高，则汽容积少，进汽量不变，压力增加，进入其中蒸汽较少，造成除氧器内水温过低，影响除氧效果；还容易造成除氧器振动，大量水从溢水管排出；水位过低，进入其中的蒸汽较多，使除氧器内部汽压过高，大于除氧器内水温所对应的饱和压力，也会影响除氧效果；还容易造成给水泵汽化；严重还会造成给水泵损坏危及机组安全。

（2）热井水位：热井水位较低，会引起冷凝液泵气蚀，还会造成真空下降，影响机组效率也会因真空低停机；热井水位过高，容易使凝结水进入气缸造成水冲击。

（3）凝结水系统压力：压力太低会影响凝结水用户的正常工作。

（4）凝结水流量：保持一定的水流量，保障轴封加热器的正常冷却，保证凝结水泵的正常工作。

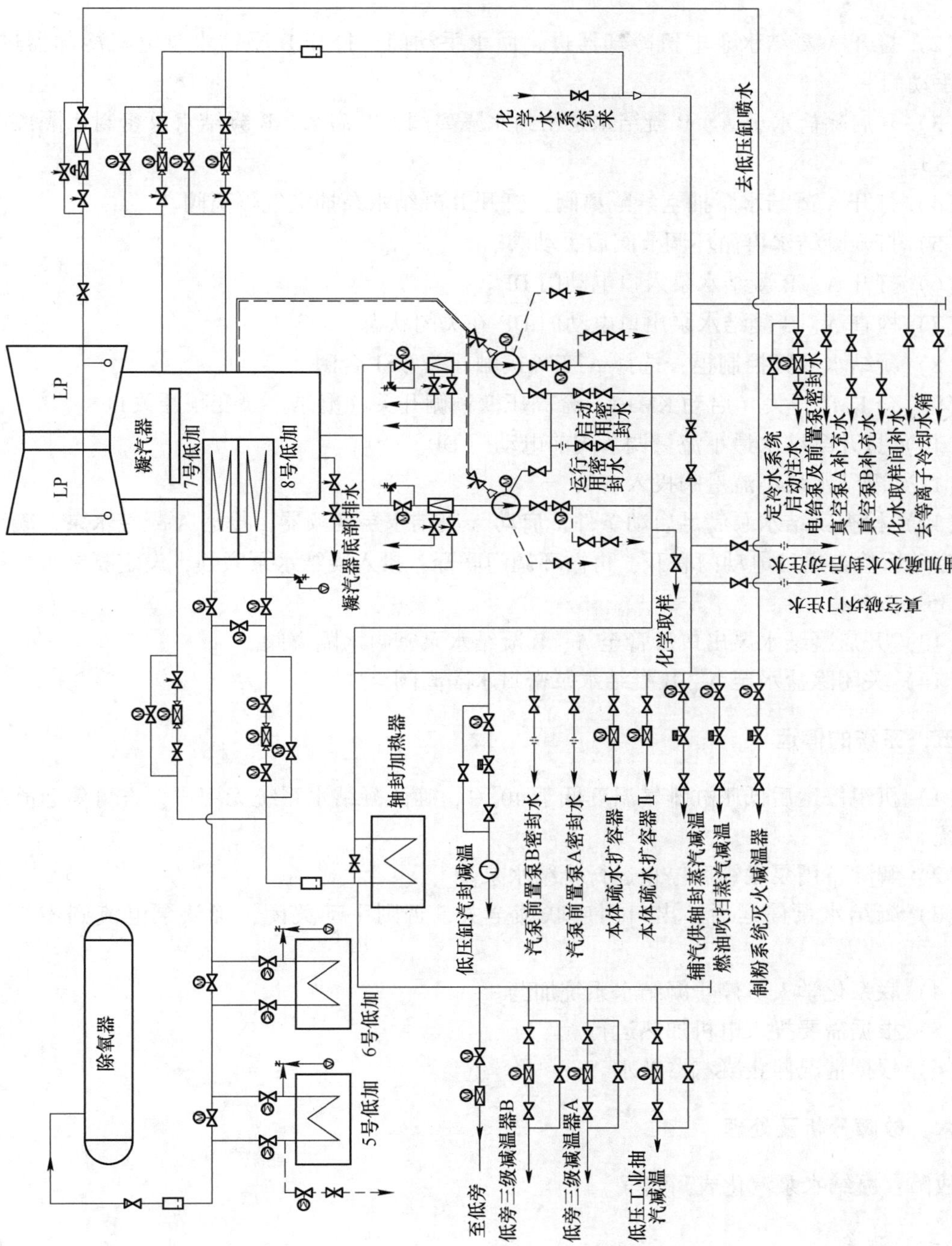
除氧器
5号低加
6号低加
轴封加热器
凝汽器
7号低加
8号低加
LP
LP
凝汽器底部排水
化学水系统来
去低压缸喷水
运行用密封水
启动用密封水
化学取样
低压缸汽封减温
汽泵前置泵B密封水
汽泵前置泵A密封水
本体疏水扩容器Ⅰ
本体疏水扩容器Ⅱ
辅汽供轴封蒸汽减温
燃油吹扫蒸汽减温
制粉系统灭火减温器
至低旁
低旁三级减温器B
低旁三级减温器A
低压工业抽汽减温
定冷水系统启动注水
电给泵及前置泵密封水
真空泵A补充水
真空泵B补充水
化水取样间补水
去等离子冷却水箱

图2-9 凝结水系统图

## 四、系统的启动

（1）打开 A 凝结水泵轴承冷却水进、出口门，打开 B 凝结水泵轴承冷却水进、出口门。

（2）打开 A 凝结水泵电机冷却器进、回水手动门，打开 B 凝结水泵电机冷却器进、回水手动门。

（3）开启除盐水至 A、B 凝结水泵密封水隔离阀，开启 A、B 凝结水泵密封水隔离阀 1，2，3。

（4）打开 A 凝结水泵抽空气隔离阀，打开 B 凝结水泵抽空气隔离阀。

（5）打开凝结水再循环调节阀后手动阀。

（6）打开 A、B 凝结水泵入口电动门 DP。

（7）检查 A、B 凝结水泵出口电动门 DP 在关闭状态。

（8）凝结水变频控制柜，选择 A 变频接触开关 QS1 合闸。

（9）合 KMI 开关（启动 KM1），合高压变频侧开关（凝结水泵变频开关）。

（10）打开凝结水最小流量调节阀前电动门 DP。

（11）凝结水最小流量阀投入自动。

（12）检查凝结水泵满足启动条件，启动 A 凝结水泵变频器，投运 A 凝结水泵，凝结水泵启动后检查出口电动门联开，再循环调门联开；投入凝结水泵联锁，设定凝结水泵频率为 35~45 Hz。

（13）开启凝结水泵出口母管至 A、B 凝结水泵密封水隔离阀。

（14）关闭除盐水至 A、B 凝结水泵密封水隔离阀。

## 五、系统的停运

（1）机组停运后低压缸排气温度低于 40 ℃，确认凝结水系统无用户，方可停运凝结水系统。

（2）解除备用泵联锁后停止运行凝结水泵。

（3）凝结水泵停运后，出口门应联锁全关，否则手动关闭，确认泵电流到零，不倒转。

（4）联系化学人员停止凝结水系统加药。

（5）根据需要投入电机加热运行。

（6）根据情况停止凝汽器补水。

## 六、故障分析及处理

故障：凝结水泵汽化或漏空气。

### （一）现象

（1）凝结水泵出口压力摆动，流量不稳或到零，电动机电流下降或摆动。

（2）泵体发出异声，出口母管振动，逆止门发出撞击声。

（二）原因

（1）凝汽器水位低。
（2）凝结水泵入口管漏空气。
（3）凝结水泵入口滤网堵。
（4）凝结水流量低，再循环门动作不正常。

（三）处理

（1）检查凝汽器热井水位是否正常，若凝汽器热井水位低补水至正常水位。
（2）检查凝结水泵盘根及密封水情况，调整密封水量正常。
（3）检查凝结水泵抽空气门开，备用泵密封水正常。
（4）若凝结水泵入口滤网堵，倒泵运行，凝结水流量低，再循环门动作不正常，开启再循环旁路门。
（5）经上述调整无效时，启动备用泵，停止故障泵。

## 复习思考题

1. 简述凝结水泵的形式和额定参数（电流、电压、流量、扬程）。
2. 凝结水精处理的作用以及相关保护措施是什么？
3. 凝结水短时间中断有什么重要影响？

# 任务 2-10　除氧器给水系统

## 一、系统介绍

给水泵组主要包括两台 50%容量的汽动给水泵及其前置泵，30%容量的电动给水泵、液力耦合器、前置泵及其驱动电机。给水泵是汽轮机的重要辅助设备，它将旋转机械能转变为给水的压力能和动能，向锅炉提供所要求压力下的给水。为提高除氧器在滑压运行时的经济性，同时又确保给水泵的运行安全，通常在给水泵前加设一台低速前置泵，与给水泵串联运行。由于前置泵的工作转速较低，所需的泵进口倒灌高度（即汽蚀余量）较小，从而降低了除氧器的安装高度，节省了主场房的建设费用，并且给水经前置泵升压后，其出水压头高于给水泵所需的有限汽蚀余量和在小流量下的附加汽化压头，有效防止给水泵的汽蚀。

## 二、主要设备及作用

除氧器给水系统由除氧器、给水泵组、高加系统三大部分组成。除氧器的主要作用是除去锅炉给水中的氧气及其他气体，保证给水的品质。同时，除氧器本身又是给水回热加热系统中的一个混合式加热器，起加热给水、提高给水温度的作用。除氧器水箱的作用是储存给水，平衡给水泵向锅炉的供水量与凝结水泵送进除氧器水量的差额。也就是说，当凝结水量与给水量不一致时，可以通过除氧器水箱的水位高低变化调节，满足锅炉给水量的需要。除氧器采用滑压运行方式，设有三路汽源：冷再、四段抽汽和辅助蒸汽。在四抽管路上只设防止汽轮机进水的截止阀和逆止门，不设调节阀，为滑压运行。而辅助蒸汽供汽管路上设压力调节阀，用于除氧器定压运行时的压力调节。

## 三、系统流程及主要参数

本系统流程见图 2-10。主要参数为锅炉主给水温度、锅炉主给水流量、主给水压力、高加出水温度、辅助蒸汽至除氧器气动调节门阀位反馈、四抽至除氧器进汽温度、汽泵最小流量气动调节阀位置反馈、汽泵入口压力、汽泵前置泵出口压力。

## 四、系统的启动

（1）打开除氧器上水调节阀后隔离阀。

（2）打开除氧器 1 号、2 号启动排气电动阀后隔离阀，微开除氧器运行排气 1～8 号隔离阀，打开左侧运行排氧手动总门，打开右侧运行排氧手动总门。

（3）开启各低压加热器水侧启动排气门。

（4）打开运行排气隔离阀，打开运行排气隔离阀 1。

（5）打开除氧器 A 侧启动排气电动门，打开除氧器 B 侧启动排气电动门。

（6）打开引风机小机低加水侧入口母管门，B 引风机小机低加出口母管门，引风机小机 A、B、C 低加进、出水电动门，关闭引风机小机低加旁睡电动门。

（7）打开除氧器水位调节阀前电动门 DP，打开 8 号低加进水电动门 DP，打开 7 号低

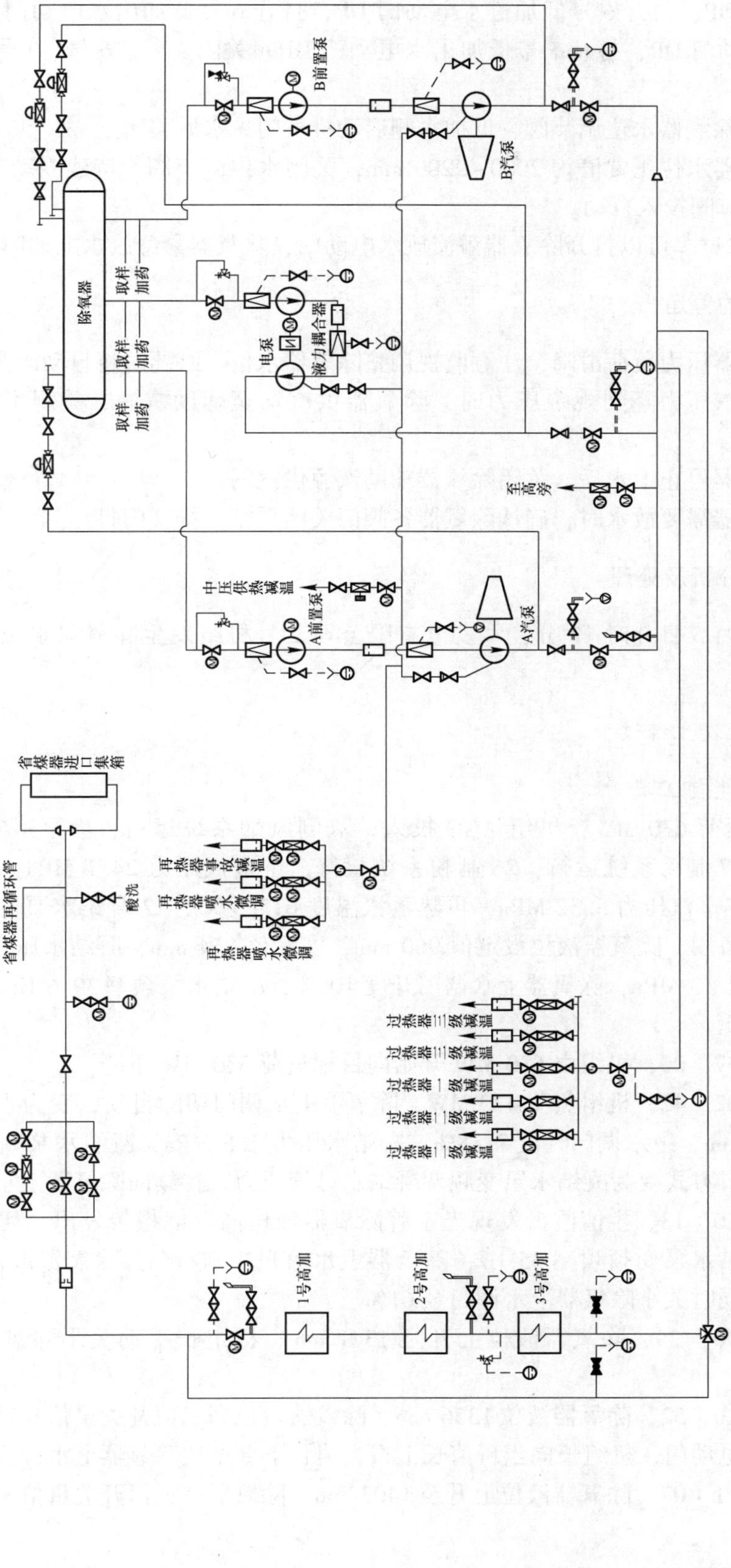


图2-10　除氧器给水系统图

加出水电动门 DP，打开 6 号低加进水电动门 DP，打开 6 号低加出水电动门 DP，打开 5 号低加进水电动门 DP，打开 5 号低加出水电动门 DP，关闭 5 号、6 号、7 号、8 号低加旁路电动门。

（8）打开除氧器水位调节阀，低加水侧启动排气门见水后关闭。

（9）除氧器水位正常值为 2000～2200 mm，关闭水位调节阀，待建立动态水循环时，除氧器水位调节阀投入自动。

（10）补水过多可以打开除氧器溢流放水电动门，除氧器紧急放水电动门放水。

## 五、系统的停运

（1）除氧器压力负荷滑降，注意监视调整除氧器水位，必要时将自动改为手动。

（2）当抽汽压力降到规定压力时，除氧器供汽均至辅助汽源，关闭本机抽汽压力汽源。

（3）除氧器停止上水后，关闭除氧器辅助汽源供汽门。

（4）除氧器需要放水时，确认除氧器各阀门关闭严密，排气门打开。

## 六、故障分析及处理

2019 年 1 月 5 日 0 时 12 分，某发电有限公司 2 号机组发生除氧器水位高故障停机事故。

### （一）事故发生经过

1. 事故发生前工况

2 号机组负荷 630 MW，机组 AGC 投入，双侧风烟系统运行，汽泵运行，21、22、23、24、25、27 制粉系统运行，26 制粉系统检修，主蒸汽压力 24. 1 MPa，主蒸汽温度 600. 4 ℃，再热蒸汽压力 3. 32 MPa，再热蒸汽温度 615. 3 ℃，22 凝结水泵变频运行，21 凝结水泵工频备用，除氧器液位设定值 960 mm，实际值 954 mm，凝结水压力设定值 1. 9 MPa，实际值 2. 13 MPa，除氧器上水调门开度 100%，凝结水泵频率 39. 6 Hz。

2. 事故经过

（1）23：37：00，机组由 630 MW 开始向目标负荷 330 MW 下降。

（2）00：02：42，机组负荷 420 MW，除氧器上水调门切除自动，变为手动状态，除氧器液位 948 mm，上水调门开度 71. 8%，凝结水压力 1. 5 MPa，凝结水泵频率 32. 2 Hz，凝结水系统调节方式变为凝结水泵变频调凝结水母管压力，持续向除氧器上水。

（3）00：10：13，主值监盘发现光字牌除氧器液位高一值报警发出，切至凝结水系统画面发现凝结水泵变频频率 35 Hz，除氧器上水流量 1100 t/h，除氧器液位 1231 mm，汇报机组长，同时关小除氧器上水调门至 61%。

（4）00：10：29，除氧器液位上升至 1341 mm，机组长手动关小除氧器上水调门至 30%。

（5）00：10：52，除氧器液位 1356 mm，除氧器液位高二值开关量信号发出，联开除氧器溢流放水电动门，机组长向当班值长汇报，值长下令全关除氧器上水调门。

（6）00：11：07，除氧器液位上升至 1407 mm，除氧器高三值开关量信号发出，联开除氧器紧急放水电动门正常。

（7）00：11：27，除氧器液位升至 1498 mm，四段抽汽电动门、逆止阀联锁关闭，除氧器检修停机放水电动门联锁开启正常。

（8）00：12：18，机组负荷 385 MW，锅炉 MFT 动作，汽轮机、发电机、小汽轮机联锁跳闸，MFT 首出为“给水流量低低”保护。

### （二）事故报告

（1）00：15，值长将 2 号机组跳闸情况向电网网调汇报。

（2）01：08，电厂发电运行部总值长将 2 号机组跳闸情况向某电力安全生产部汇报。

（3）01：15，电厂总工程师将 2 号机组跳闸情况向某电力安全生产部部长汇报。

### （三）现场勘查

1. 凝结水系统逻辑动作情况

00：02：42，机组降负荷至 420 MW，除氧器上水调门由 100%减至 71.8%的过程中，凝结水精处理出口压力降至 1.50 MPa，除氧器上水调门切至手动状态，同时凝结水泵变频由水位调节方式切至凝结水压力控制方式。

2. 除氧器液位动作情况

（1）00：10：13，除氧器液位高一值开关量信号发出。

（2）00：10：52，液位高二值开关量信号发出，除氧器溢流放水电动门联锁开启正常。

（3）00：11：07，除氧器液位高三值开关量信号发出，联开除氧器紧急放水电动门正常。

（4）00：11：27，除氧器液位升至 1498 mm，四段抽汽电动门、逆止阀联锁关闭，除氧器检修停机放水电动门联锁开启正常。

3. 锅炉 MFT 保护动作情况

00：12：18，机组负荷 385 MW，给水流量降至 422 t/h，触发“给水流量低低”保护，锅炉 MFT 动作，机组解列。

### （四）事故原因分析

1. 直接原因

（1）除氧器上水调门自动切除后，除氧器水位上涨，因报警提示功能中未配置除氧器上水调门“自动切除”声光报警，液位达到高一值后运行人员才发现参数异常。由于运行人员经验不足，操作不够果断，造成液位继续升至 1498 mm，四段抽汽门联锁关闭，造成小汽轮机供汽中断，触发“给水流量低低”保护，是造成本次机组非停的直接原因。

（2）在机组调试期间，为保证低压旁路在全开工况下的减温水压力高于低旁运行压力，建设单位根据经验设置了自动切除对比值 2.5 MPa，当凝结水精处理出口压力与对比值偏差大于 1 MPa，除氧器上水调门自动切除（此逻辑与机组目前运行情况不符）。降负荷过程中凝结水压力波动至 1.50 MPa，是造成除氧器上水调门自动切除的直接原因。

2　间接原因

（1）在大幅度降负荷过程中，除氧器上水调门自动调整性能差。

（2）机组调试完毕后，未组织对闭环逻辑进行审查、优化。

（3）除氧器液位高Ⅰ、Ⅱ、Ⅲ值依据厂家说明书设置，未根据机组实际工况进行优化。

## 复习思考题

1. 除氧器给水箱的总容积应满足锅炉在额定负荷下（　　）的用水量。（单选，下同）
A. 20 min　　B. 30 min　　C. 45 min　　D. 50 min
2. 除氧器是混合式加热器，其端差为（　　）。
A. 2~5 ℃　　B. 3~5 ℃　　C. 4~6 ℃　　D. 0 ℃
3. 液体表面和内部同时进行的剧烈的（　　）现象称为沸腾。
A. 汽化　　B. 放热　　C. 液化　　D. 蒸发
4. 同一台泵在不同工况下，有不同的比转数，一般取（　　）工况下的比转数为该泵的比转数。
A. 效率最低工况　　B. 效率最高工况　　C. 额定工况　　D. 最大工况
5. 泵是用来把原动机的机械能转变为液体的（　　）和压力能的一种设备。
A. 热能　　B. 动能　　C. 化学能　　D. 势能
6. 除氧器在并列运行前应使各除氧器的水温相差不大于（　　）。
A. 5~10 ℃　　B. 10~15 ℃　　C. 15~20 ℃　　D. 20~25 ℃
7. 除氧器并列时必须先开启（　　）平衡门，然后打开（　　）平衡门和下水母管联络门。
A. 水侧　　B. 汽侧　　C. 疏水侧　　D. 排地沟
8. 除氧器降温、降压不得过快，控制除氧器内温度下降不超过（　　）。
A. 4 ℃/min　　B. 3 ℃/min　　C. 2 ℃/min　　D. 1 ℃/min
9. 当除氧器内工作蒸汽压力（　　），给水泵入口发生汽化的可能性就越小。
A. 不变　　B. 降低　　C. 升高
10. 制造厂对给水泵运行一般规定一个允许最小流量值，一般为额定流量的（　　）。
A. 60%~80%　　B. 40%~60%　　C. 30%~45%　　D. 25%~30%
11. 热力除氧的原理是建立在气体的溶解定律—（　　）定律的基础上的。
A. 亨利　　B. 道尔顿　　C. 牛顿　　D. 拉格斯
12. 除氧器空气门的开度（　　）。
A. 全关　　B. 全开　　C. 微开　　D. 微关
13. 除氧器处于冷状态和水箱有水时应先投入（　　）。
A. 汽　　B. 水　　C. 汽水同时　　D. 空气
14. 在正常运行中，除氧器水箱中的水位应保持在水位计的（　　）。
A. 1/3~1/2　　B. 1/2~2/3　　C. 2/3~3/4　　D. 3/4~4/4
15. 除氧水含氧量大，直接影响锅炉汽水系统氧化腐蚀，特别是（　　）。
A. 空预器　　B. 省煤器　　C. 对流管束　　D. 过热器
16. 润滑油中进水的主要原因是（　　）。
A. 氢气湿度大　　B. 轴封汽压力大　　C. 冷油器泄漏
17. 润滑油中进水会使油的黏度（　　）。
A. 增大　　B. 不变　　C. 减小

18. 除氧器加联氨的目的是（　　）。

A. 除盐　　B. 辅助除氧　　C. 降低 pH 值

19. 除氧器安全门活动试验应每（　　）进行一次。

A. 日　　B. 周　　C. 月

20. 汽轮机的冷油器正常运行中，必须保持水侧压力（　　）油侧压力。

A. 小于　　B. 大于　　C. 等于

# 任务 2-11 轴封系统

## 一、系统介绍

轴封系统可以阻止高、中压缸的高压蒸汽漏出及低压缸外界空气漏入（会破坏凝汽器的真空，使汽轮机的排汽压力提高，降低机组的经济性），同时还可以回收工质，减少热量损失。

## 二、主要设备及作用

（1）供汽母管压力调整机构：轴封供汽采用三阀系统，即在汽轮机所有运行工况下，供汽压力通过三个调节阀即主汽供气阀、辅助汽源供汽调节阀和溢流调节阀来控制，使汽轮机在任何运行工况下均自动保持供汽母管中设定的蒸汽压力。

（2）轴封加热器：将汽-气混合物的热量传给凝结水，提高了汽轮机热力系统的经济性；利用凝结水来冷却各段轴封和高、中压主汽调节阀阀杆抽出的汽—气混合物，在轴封加热器汽侧腔室内形成并维持一定真空，防止蒸汽从轴封端泄漏；使混合物中的蒸汽凝结成水，从而回收工质；将混合物的温度降低到轴加风机长期运行所允许的温度。

（3）轴封风机：用以抽出轴封加热器内的不凝结气体，以保证轴封加热器在良好的换热条件下工作，并维持汽封腔室一定的负压，使轴封汽的外挡漏气不向外冒汽。

（4）蒸汽过滤器：防止供汽管路中的杂物进入汽轮机的轴端汽封，保证机组的安全运行。

（5）轴端汽封：装设在汽轮机动、静部分之间，减少或防止蒸汽外泄及真空侧空气漏入。为了减小上述各处间隙中的漏气，又要保证汽轮机正常安全运行，特设置了各种汽封。汽封的结构形式一般可分为曲径汽封（迷宫汽封）、碳精汽封和水封三种。

（6）减温器：降低低压汽封供汽温度，以免低压汽封体和转子产生热变形。减温器的水来自凝结水，由设置在喷水减温器底部的法兰口进入喷嘴，喷嘴使冷却水雾化，且沿蒸汽流动方向喷出，同蒸汽充分混合，使其出口温度保证在所要求的供汽温度范围内。

## 三、系统流程及主要参数

轴封送汽原则：冷态启动应先抽真空、后送轴封；热态启动应先送轴封、后抽真空。本系统流程见图 2-11。

（1）轴封蒸汽的压力和温度：确认辅助蒸汽参数与高中压缸转子金属温度相适应。

（2）轴封加热器水位和真空：轴封加热器负压及水位正常，保证轴封系统正常工作。

## 四、系统的启动

（1）确认汽轮机处于盘车状态。

（2）检查确认开式循环水系统投运正常。

（3）检查确认闭式循环水系统投运正常。

（4）检查确认凝结水系统投运正常。

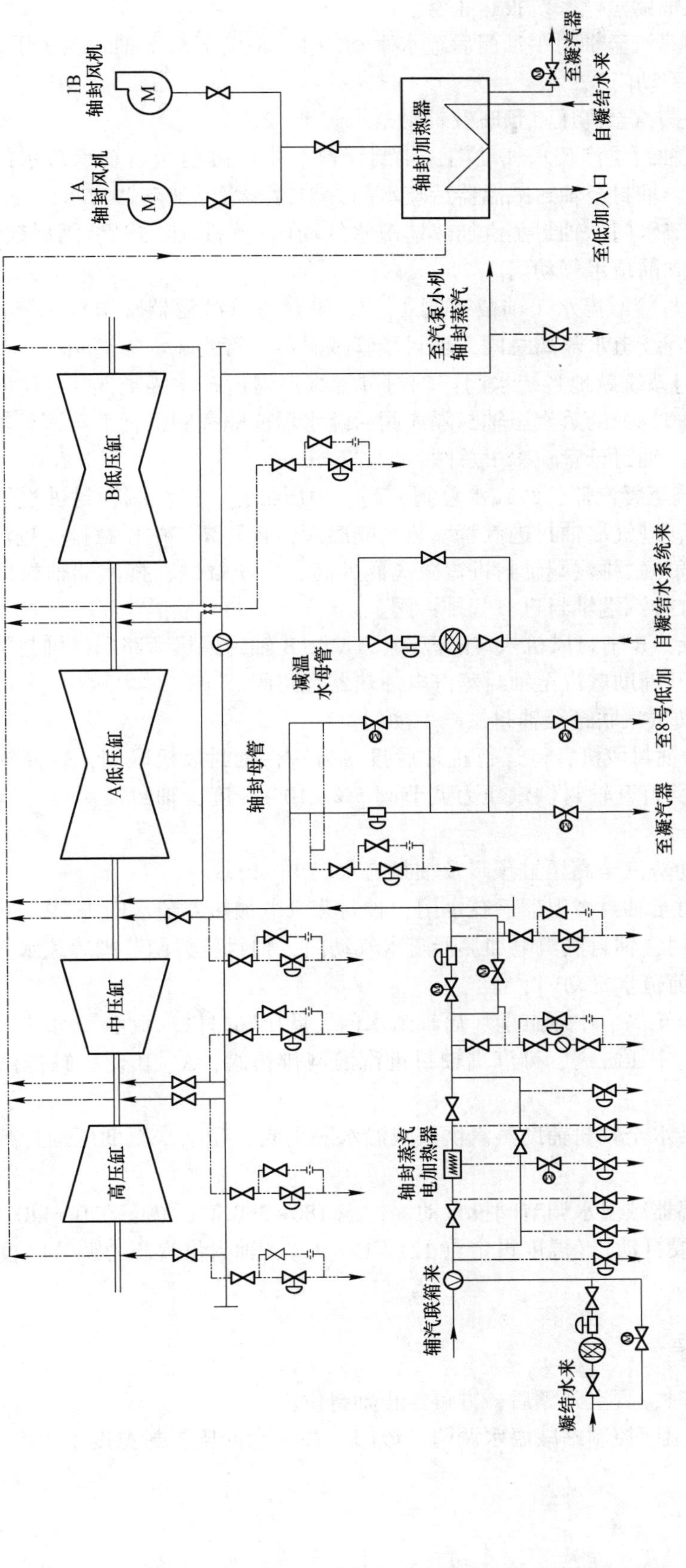


图2-11 轴封系统流程图

(5) 检查确认辅助蒸汽系统投运正常。

(6) 打开辅助蒸汽至轴封手动门后疏水手动门 1，辅助蒸汽至轴封疏水手动门 2，辅助蒸汽至轴封疏水手动门 3。

(7) 打开辅助蒸汽至高压缸预暖及轴封疏水门 1、2、3。

(8) 打开低压轴封供汽疏水气动门，轴封至高、中压缸前、后轴承疏水门，轴封溢流至凝汽器电动门，轴封至轴封减温器后疏水门，轴封蒸汽电加热器疏水门 1、2、3、4，轴封蒸汽电加热器疏水门，轴封蒸汽加热器疏水气动门，轴封压力调节阀后疏水气动门，轴封溢流压力调节阀前疏水气动门。

(9) 打开轴封母管减温水 1 前隔离阀 1、2，轴封母管减温器 2 减温水隔离阀 1、2，轴封母管减温器 2 管线疏水隔离总阀，轴封母管减温器 2 管线疏水隔离阀。

(10) 打开轴封系统就地各疏水门：轴封母管减温器后疏水隔离阀 1，辅助蒸汽至轴封隔离阀后疏水总阀，辅助蒸汽至轴封隔离阀后疏水器前隔离阀，辅助蒸汽至轴封隔离阀后疏水器后隔离阀，轴封母管疏水 1 总阀。

(11) 打开溢流至凝汽器管线疏水总阀，高、中压缸排、进汽端轴封进汽管线疏水总阀，高、中压缸排、进气端轴封进汽管线疏水隔离阀，打开高、中压缸排、进汽段轴封进汽隔离阀，A、B 低压缸排汽端轴封进汽隔离阀，高、中压缸进、排汽端轴封进汽滤网排污阀，A、B 低压缸排汽端轴封进汽管排污阀。

(12) 打开 1A、1B 轴封风机入口隔离阀，1A、1B 轴封风机旁路门，轴封加热器疏水至水封隔离阀，打开辅助蒸汽至轴封蒸汽电加热器旁路阀。

(13) 打开辅助蒸汽联箱至轴封供汽手动门。

(14) 启动 1A 轴封风机，待运行正常后投入另一台轴封风机联锁，打开轴封供汽压力调节阀前电动门，打开轴封供汽压力调节阀 5%～10%开度，轴封溢流压力调节阀投入自动。

(15) 关闭辅助蒸汽至高压缸预暖及轴封疏水门 1、2、3。

(16) 关闭轴封至轴封减温器后疏水门，轴封蒸汽电加热器疏水门 1、2、3、4，轴封蒸汽电加热器疏水门，轴封蒸汽电加热器疏水气动门，轴封压力调节阀后疏水气动门，轴封溢流压力调节阀前疏水气动门。

(17) 关闭轴封至高、中压缸前、后轴疏水门，低压轴封供汽疏水气动门。

(18) 关闭高、中压缸进、排汽端轴封进汽滤网排污阀，A、B 低压缸排汽端轴封进汽管排污阀。

(19) 打开凝结水至轴封辅助蒸汽供汽减温水隔离阀，凝结水至低压轴封减温水调整门前后手动门。

(20) 轴封减温器减温水调节阀投自动（冷态 180～260 ℃，热态 370～440 ℃），低压轴封减温水调节阀投自动，（温度设定点 121～177 ℃），轴封供汽压力调节阀投自动（压力设定点 35～50 kPa）。

## 五、系统的停运

(1) 机组停运时，真空到零后，方可停止轴封供汽。

(2) 关闭轴封温度控制站减温水调门、截门，并注意低压轴封温度不得有突降现象，否则立即检查轴封。

（3）减温水是否严密，开启轴封至轴封供汽母管疏水门。

（4）关闭辅助蒸汽控制站调阀、电动阀，辅助蒸汽联箱至轴封供汽手动门。

（5）关闭轴封联箱溢流阀、旁路门。

（6）停止轴封风机运行。

## 六、故障分析及处理

### （一）轴封供汽不足

1. 现象

（1）凝汽器真空下降。

（2）轴封供汽母管压力下降。

2. 原因

（1）溢流站调节阀失灵。

（2）溢流站旁路阀误开。

（3）开、停机时，高、低压轴封供汽调节阀失灵，或有关阀门误关。

3. 处理

（1）溢流站调节阀失灵，应关小调节阀前截门，手动调整以维持正常的轴封母管压力，并联系维修人员处理。溢流站旁路阀误开，应立即关闭。

（2）开、停机时，若高、低压轴封供汽调节阀失灵，应开启调节阀旁路门手动调整，并关闭调节阀前后截门，联系维修人员处理。有关阀门误关，应立即开启。

### （二）轴承温度过高

1. 现象

（1）相对应的支撑轴瓦温度升高。

（2）油温度升高。

（3）机组胀差不正常升高。

（4）转子轴振上升。

2. 原因

（1）低压轴封减温水都投不上。

（2）轴封齿损坏。

3. 处理

根据机组负荷相对应的抽汽参数及时调整轴封进汽量、调整轴封母管的压力和温度、调整减温水、倒换汽源等。

## 复习思考题

下列关于汽轮机组的轴封系统说法不正确的是（ ）。(单选)

A. 在汽轮机的高压部分，高压端轴封两端的压差很大，为保障机组安全运行防止动静部分发生摩擦，

轴封间隙不能做过大

B. 高压汽轮机高压缸两端的轴封与主轴承应保持一定的距离

C. 对于大型汽轮机，应避免端轴封漏汽漏入轴承以致油中带水恶化油质

D. 为了防止空气漏入低压缸的真空部分，影响机组真空，常在低压端轴封中间送入比大气压力稍高的蒸汽

# 任务 2-12 真 空 系 统

## 一、系统介绍

对于凝汽式汽轮机组，需要在汽轮机的汽缸内和凝汽器中建立一定真空，正常运行时，为了维持凝汽器真空，也必须把由真空系统不严密处漏入的空气及蒸汽带来的不凝结气体从凝汽器里不断抽走。真空系统的作用就是建立和维持汽轮机组的低背压和凝汽器的真空。

## 二、主要设备及作用

水环式真空泵：靠泵腔容积的变化来实现吸气、压缩和排气，将凝汽器内的空气或不凝结气体吸出排放到大气中，保持凝汽器真空。

真空破坏阀：用于紧急停机和过临界转速时快速停机及防止机组共振造成损坏，当然机组正常停机后，在停运轴封汽前，需先通过打开破坏阀使真空到零。所谓破坏，就是打开该阀让空气从破坏阀吸入凝汽器，低压缸排汽压力上升，对旋转的转子来说起到了“刹车”的作用。

## 三、系统流程及主要参数

本系统流程见图 2-12。主要参数有：

（1）水环真空泵分离器液位：水环真空泵工作时需要用水形成密封环，分离器保持一定水位可保障水环真空泵正常运行。

（2）凝汽器真空度（负压）：机组冲转及正常运行时要保持的真空值。

## 四、系统的启动

（1）检查盘车运行正常。

（2）检查轴封系统运行正常。

（3）检查循环水系统投运正常。

（4）检查开式水系统投运正常。

（5）检查凝结水系统投运正常。

（6）检查真空系统各放水门在关闭状态，否则手动关闭。

（7）打开除盐水至 A、B、C 真空泵气水分离器补水总阀；打开除盐水至 A、B、C 真空泵气水分离器旁路阀进行补水，补水至正常液位，关闭除盐水至 A、B、C 真空泵气水分离器旁路补水阀，如果液位高，打开 A、B、C 真空泵气水分离器底部排水门排水至正常液位。

（8）打开 A、B、C 真空泵冷却器进、回水手动门；打开 A、B、C 真空泵进口隔离阀。

（9）关闭汽机侧和电机侧真空破坏电动门。

（10）打开高低背压侧真空破坏阀水封注水阀、溢流阀；注水完毕后关闭高低背压侧

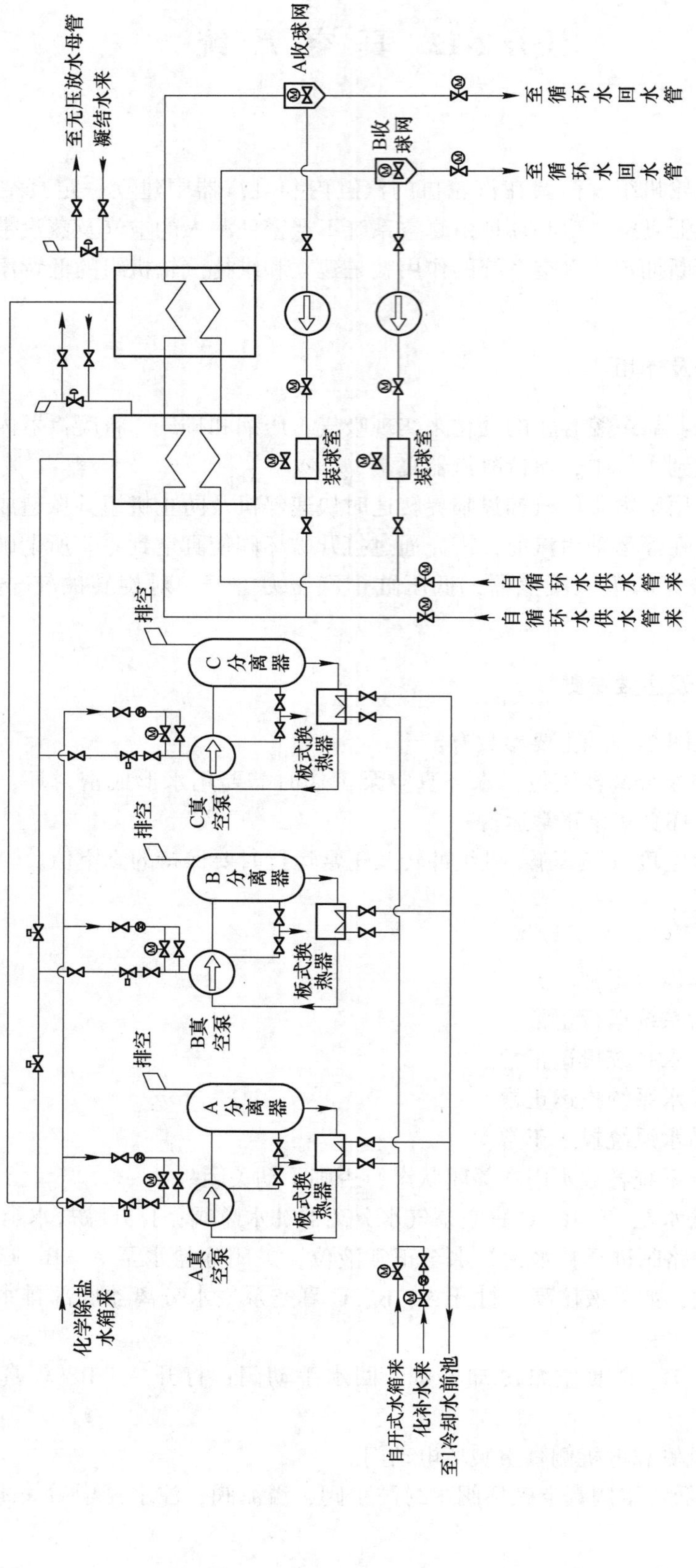
至无压放水母管
凝结水来
A收球网
B收球网
至循环水回水管
至循环水回水管
装球室
装球室
自循环水供水管来
自循环水供水管来
排空
C分离器
板式换热器
C真空泵
排空
B分离器
板式换热器
B真空泵
排空
A分离器
板式换热器
A真空泵
化学除盐水箱来
自开式水箱来
化补水来
至1冷却水前池

图2-12　真空系统图

真空破坏阀水封注水阀、溢流阀。

(11) 打开水环式真空泵冷却器进水电动门 DP。

(12) 打开 B 水环真空泵气动切换阀 1、2。

(13) 依次启动 A、B、C 真空泵，检查入口气动门联开，泵运行正常。

(14) 当真空升至−88 kPa 时，停 B 真空泵，投入真空泵联锁。

## 五、系统的停运

(1) 确认汽轮机转速到零，盘车已投入运行。

(2) 停止真空泵运行，开启真空破坏阀破坏真空。

(3) 真空到零，停止轴封供汽。

(4) 在机组紧急停运时，应迅速开启真空破坏阀，停运真空泵，缩短停机惰走时间。

## 六、故障分析及处理

### (一) 故障现象

(1) 真空表指示值降低。

(2) 排汽温度升高。

(3) 凝结水过冷度增加。

(4) 凝汽器传热端差增大。

### (二) 处理方法

(1) 循环水泵因故跳停或者阀门关闭，都会导致循环水中断。当循环水中断后，机组排汽温度降到规定值后，方可恢复循环水，如果循环水中断后，排汽温度高，此时大量通冷却水，易造成凝汽器管板急冷，造成变形、爆管等问题。

(2) 轴封供汽不足或中断运行当中，因主蒸汽压力及流量的变化，操作人员未及时调整轴封供汽，导致轴封汽量分配不均引起轴封漏空气时，应调节轴封汽分门，重新分配各轴封汽量。

(3) 对于抽气器或真空泵故障，需加强对真空泵或射水泵及抽气器的维护工作，确保正常运行。对于泵存在故障，应迅速进行处理，启动备用真空泵，及时排除水泵故障。

## 复习思考题

1. 水环式真空泵是靠（　　）的变化来实现吸气、压缩和排气的。（填空，下同）
2. 真空系统作用是（　　）。
3. 真空的提高也不是越高越好，而是有一个极限，这个真空的极限由汽轮机的最后一级叶片出口截面的膨胀极限所决定，如果继续提高真空，汽轮机的功率不再增加，当蒸汽在末级叶片的膨胀达到极限时，所对应的真空称为极限真空，有时也叫（　　）。
4. 真空下降的主要现象为（　　）。

5. 在极限真空内，当蒸汽参数和流量不变时，提高真空使蒸汽在汽轮机中的可用焓降增大，就会相应地增加发电机的输出功率。但是在提高真空的同时，需要向凝汽器多供冷却水，从而增加循环水泵的耗功。由于凝汽器真空的提高，使汽轮机功率增加与循环水泵多耗功率的差数为最大时的真空值称为凝汽器的（　　）。
6. 一般汽轮机的铭牌排汽绝对压力对应的真空是（　　）。

# 任务 2-13　汽轮机本体疏水系统

## 一、系统介绍

在汽轮机组启机、停机及变负荷工况运行时，蒸汽与汽轮机本体和蒸汽管道接触，蒸汽被冷却或加热。当蒸汽温度被冷却到低于其压力所对应的饱和温度时，部分蒸汽会凝结成水。由于蒸汽和水的密度和流速不同，管道对它们的阻力也不同，这部分凝结的积水可能引起水冲击，轻则使管道振动，产生巨大噪声，污染环境；严重的会使管道产生裂纹，甚至破裂。最关键的是一旦积水进入汽轮机，将会使动叶片受到水的冲击而损伤，甚至断裂；使金属部件急剧冷却而造成很大的热应力，不对称的热应力会使大轴弯曲，甚至永久变形。

本体疏水以及本体管道疏水，即主汽阀及其至汽轮机本体之间管道的疏水。各抽汽止回阀及其至汽缸之间管道疏水，高压缸排汽止回阀及其至高压排汽口之间管道的疏水，自密封汽封系统辅助汽源控制站和溢流控制站后供汽母管和供汽支管的疏水。该系统采用两个内置式疏水扩容器，分别置于排汽装置 A（汽轮机侧）和排汽装置 B（电机侧）壳体内侧。汽轮机侧疏水扩容器上接有疏水集管，主要用于接纳汽轮机本体及其管道的疏水、高压主汽调节阀后主汽管疏水等。电机侧疏水扩容器上接有疏水集管，主要接纳汽轮机本体及其管道的疏水，主机轴封供汽管道疏水，1 号、2 号、3 号高加危急疏水和除氧器溢流疏水等。疏水系统的主要作用：在机组启动、停机、低负荷运行时，或在异常情况下，排除汽轮机本体及其管道内的凝结水，从而防止汽轮机进水引起的汽轮机转子弯曲，内部零件受到损坏等严重事故。

## 二、主要设备及作用

主要有汽缸本体疏水、主汽门和调门疏水、蒸汽导管疏水、各级抽汽管道疏水。

（1）蒸汽导管疏水：把排出的部分废气回送到进气歧管，并与新鲜混合气一起再次送到汽缸。

（2）调门疏水：将蒸汽系统中的凝结水和空气尽快排出，起到转化作用，最大限度地自动防止蒸汽的泄漏，保证了安全性。

## 三、系统流程及主要参数

本系统流程见图 2-13，主要参数为各疏水段温度。

## 四、系统的启动

（1）就地-蒸汽与旁路系统打开至疏水扩容器各个隔离手动门。

（2）就地-高压加热器系统打开至疏水扩容器各个隔离手动门。

（3）就地-低压加热器系统打开至疏水扩容器各个隔离手动门。

（4）打开低压凝汽器疏扩减温调节阀后隔离阀，打开高压凝汽器疏扩减温调节阀后隔离阀。

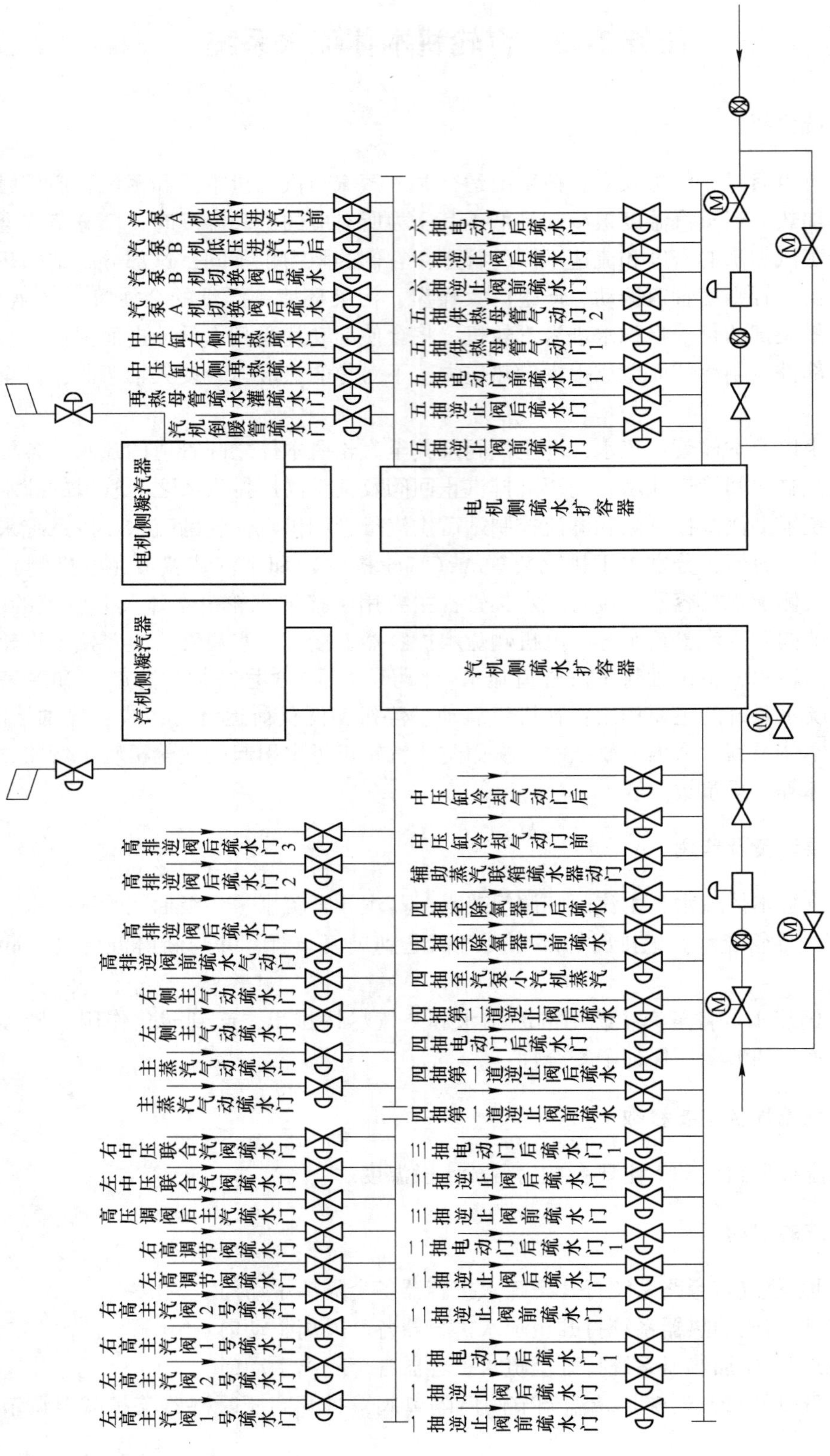


图2-13　本体疏水系统图

（5）投高、中、低压段疏水，打开同操、同开。

（6）打开汽机侧疏水扩容器减温水调节阀前电动门，汽机侧疏水扩容器减温水调节阀投自动。

（7）打开电机侧疏水扩容器减温水调节阀前电动门，电机侧疏水扩容器减温水调节阀投自动。

## 五、系统的停运

（1）关闭电机侧疏水扩容器减温水调节阀前电动门。

（2）关闭汽机侧疏水扩容器减温水调节阀前电动门。

（3）停高、中、低压段疏水。

（4）关闭低压凝汽器疏扩减温调节阀后隔离阀，关闭高压凝汽器疏扩减温调节阀后隔离阀。

（5）就地-低压加热器系统关闭至疏水扩容器各个隔离手动门。

（6）就地-高压加热器系统关闭至疏水扩容器各个隔离手动门。

（7）就地-蒸汽与旁路系统关闭至疏水扩容器各个隔离手动门。

## 六、故障分析及处理

### （一）疏水阀不排水

（1）过滤器或配管被杂质、脏物堵塞，凝结水不能流入蒸汽疏水阀。必须清洗过滤器、管路及阀内污物。

（2）疏水阀排出的凝结水的量非常小或动作间隔时间特别长，那么就要更换成容量小的疏水阀。

### （二）疏水阀连续排放不关闭

（1）疏水阀连续排凝结水不关闭，要更换排放能力大的疏水阀。

（2）疏水阀连续水、汽同排，阀芯与阀座间夹有异物或导向面夹有杂质，解体清洗，取出异物。

### （三）蒸汽损失

（1）阀门关不上，原因可能是水垢堵住了阀座孔，部件磨损。

（2）中法兰垫片损坏致使疏水阀阀体和阀盖接合部位泄漏，更换中法兰垫片，对称、交错、多次、均匀地拧紧中法兰螺栓，防止圆周受力不均发生泄漏。

## 复习思考题

汽轮机疏水系统的作用是什么？

# 任务 2-14　EH 油系统

## 一、系统介绍

EH 油系统的功能是提供高压抗燃油，并由它驱动各执行机构，同时保持液压油的正常理化特性和运行特性。EH 油系统包括供油系统、执行机构和危急遮断系统，供油系统的功能是提供高压抗燃油，并由它来驱动伺服执行机构；执行机构响应从 DEH 送来的电指令信号，以调节汽轮机各蒸汽阀开度；危急遮断系统由汽轮机的遮断参数控制，当这些参数超过其运行限制值时该系统就关闭全部汽轮机进汽门或只关闭调速汽门。

## 二、主要设备

EH 油系统由 EH 油箱、EH 油泵、出入口门、滤网、控制块、溢流阀、蓄能器、EH 供回油管、冷油器以及一套自循环滤油系统和自循环冷却系统组成。

## 三、系统流程及主要参数

本系统流程见图 2-14。

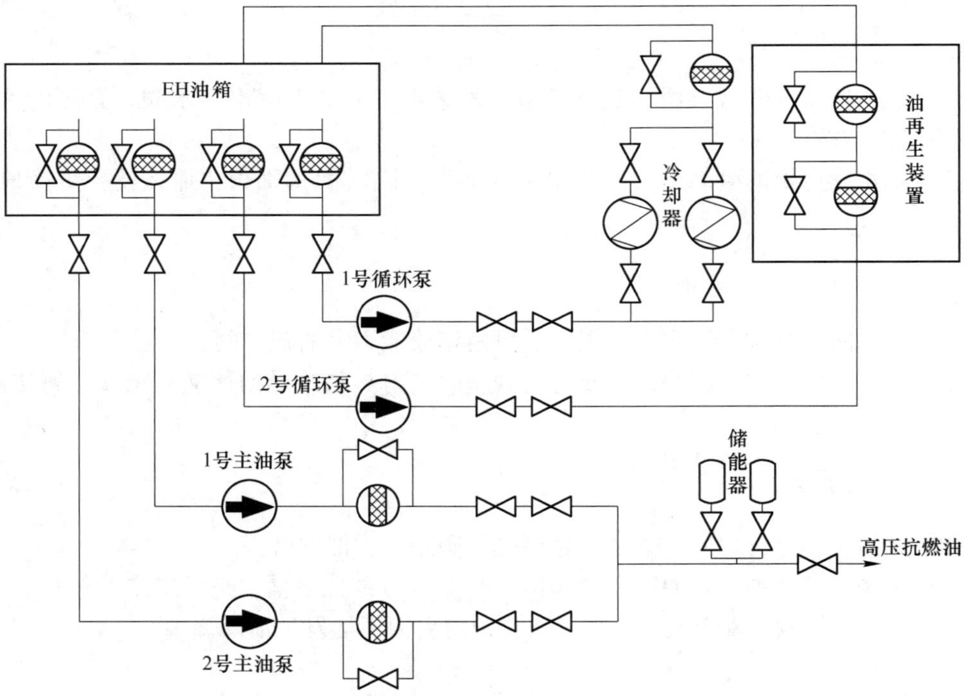


图 2-14　EH 油系统图

主要参数：

（1）EH 油温度：油温在合适温度内，保证油品质量。EH 油温过高时，EH 油质会迅速劣化；而油温过低时，EH 油黏度增大使 EH 油泵过负荷，影响调速系统动作速度。

（2）EH 油压力：提供足够的压力，保证主汽门、调速汽门能够动作迅速，迟缓率小，而且还能保证系统的安全稳定性。

## 四、系统的启动

（1）打开汽轮机 EH 油 A/B 冷油器冷却水进/出口门。

（2）打开 EH 油 A/B 冷却器进/出口门，EH 油 A/B 再生装置进口门。

（3）打开 A/B EH 油循环泵进口门，A/B EH 油泵进/出口门。

（4）打开 EH 油蓄能器隔离阀，EH 油至 A/B 汽泵小机供油门。

（5）检查 EH 油箱油位和油温正常（可通过就地补油门和放油门调节油位，加热器调节油温）。

（6）投运 1 号 EH 油主泵，投 B EH 油主泵联锁。

（7）投运 1 号 EH 油循环泵，投 B EH 油循环泵联锁。

## 五、系统的停运

（1）EH 油系统停运。

（2）机组停机后且小机已停运，可停运 EH 油系统。

（3）确认 EH 油电加热退出，EH 油冷却器冷却水已切除，断开备用 EH 油泵联锁开关，停 EH 油泵，查停运泵电流至零，系统压力降低。

（4）EH 油循环泵及再生装置根据油质情况停止。停机时间超过一周时，应投入运行 4 h。

## 六、故障分析及处理

### （一）EH 油压波动

EH 油压波动是指在机组正常工作的情况下（非阀门大幅度调整），EH 油压上下波动范围大于 1.0 MPa。

出现 EH 油压波动现象，主要原因是泵的调节装置动作不灵活。调节装置分为两部分：调节阀和推动机构。调节阀装在泵的上部，感受泵出口压力变化并转化成推动机构的推力，其上的调整螺钉用于设定系统压力。当调节阀阀芯出现卡涩或摩擦阻力增大时，不能及时将泵出口压力信号转换成推动机构的推力，造成泵流量调整滞后于压力变化，使泵输出压力波动。出现这种情况，可以拆下调节阀并解体，清洗相关零件，检查阀芯磨损情况，复装后基本可以消除该阀故障。

### （二）EH 油温升高

EH 油系统的正常工作油温为 20~60 ℃，当油温高于 57 ℃时，自动投入冷却系统。如果在冷却系统已经投入并正常工作的情况下，油温持续在 50 ℃以上，则认为系统发热量过大，油温过高。

油温过高排除环境因素之外，主要是由于系统内泄造成的安全阀泄漏。安全阀的溢流压力应高于泵出口压力 2.5~3.0 MPa，如果二者的差值过小，会造成安全阀溢流。此时安全阀的回油管会发热，蓄能器短路。正常工作时蓄能器进油阀打开，回油阀关闭。当回油阀未关紧或阀门不严时，高压油直接泄漏到回油管，造成内泄。

## 复习思考题

1. EH 系统具有什么功能？
2. EH 油系统的作用是什么？

# 任务 2-15　小机润滑油系统

## 一、系统介绍

润滑油系统设有可靠的供油设备及辅助供油设备，在启动、停机、正常运行和事故工况下，满足给水泵汽轮机的所有轴承的用油量及汽动给水泵组所有轴承的用油量。

## 二、主要设备及作用

油箱：是储存小汽轮机用润滑、调节等油，同时也是分离油中的水，消除泡沫和沉淀杂质的主要设备。

润滑油泵：提供合适的压力，保障润滑油顺利输送到各个需要润滑和冷却的地方。

排烟风机：回油系统及各轴承油箱回油腔室形成微负压，以保证回油通畅，并对系统中产生的油烟混合物进行分离，将烟气排出，油滴送回油箱。

冷油器：降低润滑油温度，保证对各轴承的冷却。

## 三、系统流程

本系统流程见图 2-15。油分三路输出：

第一路为润滑油（由交流油泵和直流油泵打出供给汽轮机和给水泵的润滑油），从交流油泵打出，经过冷油器、温控阀和润滑油滤油后分别进小汽轮机推力轴承、前后径向轴承和给水泵前后轴承，每个轴承进口都装有节流阀，可调节轴承间油量分配。

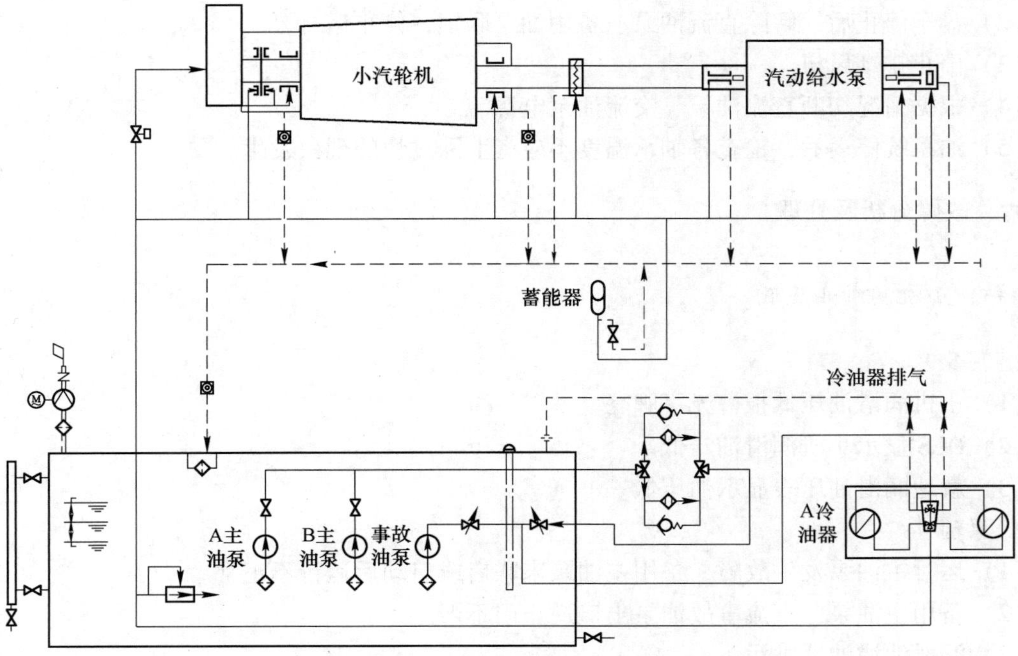


图 2-15　小机润滑油系统图

第二路为调节油，从交流油泵打出，经过调节油速油器接至调节总管后直接供入速关阀组合件。

第三路为小机的盘车油，不经过冷油器和滤油器，直接取自主油箱出来的油。

## 四、系统的启动

（1）确认开式水系统运行正常。

（2）油温不低于 20 ℃，若油温低于 20 ℃，则应投入电加热器来提高油温。

（3）打开汽泵小机排烟风机出口门。

（4）启动排烟风机，待排烟风机运行正常后，将另一台排烟风机投入联锁备用。

（5）打开汽泵小机冷油器进、回水手动门。

（6）打开汽泵小机 A 润滑油泵出口门，打开汽泵小机 B 润滑油泵出口门，打开汽泵小机直流润滑油泵出口门。

（7）打开汽泵小机润滑油滤网注油门，打开汽泵小机冷油器注油门，打开汽泵小机液控油滤网注油门。

（8）保证各三通阀开度一致。

（9）启动汽泵小机 A 主油泵，检查运行正常，检查润滑油压力不低于 0.15 MPa，投入油泵联锁备用。

（10）投入汽泵小机润滑油温度调节阀自动，设定值为 30 ℃。

## 五、系统的停运

（1）小机停运以后，各轴承温度开始下降。

（2）盘车停止后，解除直流油泵、备用油泵联锁，停止运行泵。

（3）停止排烟风机。

（4）根据情况切断直流油泵、交流油泵电源。

（5）油系统停运后，检查各轴承温度不应有上涨过快的现象发生。

## 六、故障分析及处理

### （一）小机润滑油压低

1. 现象

（1）小机润滑油压低报警光字牌亮。

（2）DCS 显示小机润滑油压低。

（3）就地润滑油压表显示油压低。

2. 原因

（1）运行主油泵发生故障，备用主油泵未联启或启动后运行不正常。

（2）备用主油泵、直流事故油泵出口逆止门不严。

（3）润滑油滤油器脏污。

（4）油系统管道、阀门泄漏。

（二）油箱油位低

（1）发现润滑油压下降，应根据下降情况启动备用主油泵。检查系统，若油滤网前后压差达 0.08 MPa 时应及时切换油滤网，联系检修人员处理。若主油泵发生故障应立即启动备用主油泵，停故障主油泵。

（2）检查油箱油位低时应及时补油，并查明漏油点及时消除。

（3）润滑油压下降、安全油压正常，应检查节流阀、冷油器，并启动事故直流油泵。

（4）油系统泄漏不能消除时，根据给水流量情况减负荷，停止小机运行，进行处理。

## 复习思考题

1. 润滑就是用（　　）减少两摩擦表面之间的摩擦力或其他形式的表面破坏作用。（单选，下同）
   A. 润滑剂　B. 缓蚀剂　C. 消泡剂　D. 磨损剂
2. 下列基础油中润滑性最好的是（　　）。
   A. 合成烃　B. 硅油　C. 矿物油　D. 癸酯
3. 黏度指数越大，则油品的黏温性（　　）。
   A. 好　B. 差　C. 无法判断　D. 黏度指数与黏温性无关
4. 润滑油的密度随温度的升高而（　　）。
   A. 增大　B. 不变　C. 减小　D. 不确定
5. 润滑油调和的目的是获得各种（　　）。
   A. 不同黏度的基础油　B. 不同倾点的基础油
   C. 不同牌号的基础油　D. 不同规格的润滑油产品
6. 温度升高时润滑油的黏度将（　　）。
   A. 增大　B. 不变　C. 减小　D. 不确定
7. 油品的氧化产物如果进一步氧化，会缩合生成大分子胶质和沥青物质，使油品（　　）增大，影响正常工作。
   A. 黏度　B. 酸度　C. 浓度

# 任务 2-16　汽轮机冲转

## 一、系统介绍

冲转就是汽轮机的启动，利用高压蒸汽的冲力使汽轮机转子动起来，蒸汽在进入汽轮机后，冲击转子上的叶片，使转子转动起来。冲转一般是伴随暖机进行的，所以也叫冲转暖机。冲转对于机组来讲是避免使机组因加载过快而损坏机组。综合各方面，冲转就是为了让机组更健康更安全地启动。

## 二、主要设备及作用

DEH 系统：DEH 是指汽轮机数字电液控制系统，由计算机控制部分和 EH 液压执行机构部分组成，是汽轮发电机组的专业控制手段，是控制汽轮机启动、停机及转速控制、功率控制的唯一手段，是电厂实现机组协调控制、远方自动调度等功能必不可少的控制设备。DEH 在电厂的热工自动化系统中有着十分重要的地位。DEH 的安全可靠直接影响整个电厂的可靠运行。

## 三、汽轮机冲转要求

（1）机组冷态冲转参数：主蒸汽压力 8. 92 MPa，最低压力 5 MPa，过热度 56 ℃以上，主蒸汽温度 360 ℃，再热蒸汽压力 0. 5 MPa 左右，再热蒸汽温度 320 ℃，凝汽器真空 84. 3 kPa 以上。

（2）主蒸汽品质合格，电导率 0. 5～1 S/cm、Fe 质量浓度<20 g/L、$SiO_2$ 质量浓度 20～50 g/L、Na 质量浓度 10～20 g/L。

（3）检查高旁开度在 60%左右，高旁开度大于 65%和小于 55%要适当调整蒸汽量。检查高压旁路后汽温、汽压正常。

（4）氢纯度大于 99%，氢压在 0. 30～0. 36 MPa。

（5）EH 油压（14. 5±0. 5）MPa，油温 43～54 ℃。

（6）润滑油压 0. 1～0. 12 MPa，油温 38～45 ℃。

（7）大轴弯曲值不大于 0. 075 mm，且不偏离原始值 0. 02 mm。

（8）盘车连续运行 4 h 以上，若盘车中断应重新计时。

## 四、汽轮机冲转前检查

（1）DCS_主机润滑油系统检查确认汽轮发电机组在盘车状态。

（2）DCS_TSI 系统检查转子偏心度、轴向位移、缸胀等指示正常。

（3）DCS_主机润滑油系统检查主机润滑油运行正常。

（4）DCS_发电机氢气系统确认氢气纯度大于 98%，氢压在 0. 41～0. 48 MPa。

（5）DCS_汽水总貌检查冲转前高压主汽门前蒸汽压力为 8. 0 MPa 左右。

（6）DCS_汽水总貌检查 AB 低旁压力调节阀压力保持在 0. 7 左右。

（7）DCS_汽水总貌检查水燃比为 8 左右。

（8）DCS_汽水总貌高温过热器出口 380 ℃左右，高再侧出口蒸汽温度 370 ℃左右。

（9）DCS_汽水总貌当机侧主蒸汽压力 8 MPa 左右，主蒸汽温度 380 ℃左右，再热蒸汽压力 0.7 MPa 左右，再热蒸汽温度 370 ℃左右，燃料量 60 t/h 左右，保持参数稳定，等待汽轮机冲转。

（10）DCS_汽水总貌确认凝结水箱水位（1100~1300 mm）和除氧器水位（1900~2200 mm）正常。

## 五、汽轮机冲转操作

### （一）汽轮机冲转至 500 r/min

（1）DCS-ETS 检查有无 ETS 跳闸信号，若有则点击“首出复位”按钮，复位 ETS 首出。

（2）DEH-自动控制点击“挂闸”按钮，点击“CV 阀壳预暖”高压主汽门 MSV 开启到 16%进汽进行预暖（当高压调节阀内壁温度与高压调节阀外壁温度相差大于 90 ℃预暖结束，小于 80 ℃继续预暖，直到内外壁温度均大于 180 ℃并且温度差小于 50 ℃）。

（3）DCS 蒸汽及旁路系统打开倒暖隔离电动阀，微开倒暖电动阀（通过中停控制开度）。

（4）DCS 蒸汽及旁路系统待汽轮机缸体温度稳定时，关闭倒暖隔离电动阀和倒暖电动阀。

（5）DEH-自动控制点击“运行”按钮此时中压主汽阀开启。

（6）DEH-自动控制点击“目标值”，目标转速输入“500”，点击“升速率”，输入“100”，点击进行/保持选择“进行”，确认中压调节阀逐渐开启，汽机盘车自动退出。

（7）DEH-自动控制当转速达到 500 r/min 时，选择“摩擦检查”点击“投入”，进行摩擦检查。当转速低于 200 r/min 时摩擦检查自动切除。

### （二）汽轮机冲转至 1500 r/min

（1）DEH-自动控制点击“正暖”，选择“投入”，点击“目标值”，目标转速输入“400”，点击“升速率”，输入“100”，点击进行/保持选择“进行”，转速至 400 r/min，高压调门锁阀正常后，点击“目标值”，目标转速输入“1500”，点击“升速率”，输入“400”，点击进行/保持选择“进行”，转速至 1500 r/min。

（2）DEH-自动控制转速到达 1500 r/min，点击“正暖”，选择“切除”，则 CV 阀逐渐关闭，ICV 阀开启，维持转速 1500 r/min 不变。

### （三）汽轮机冲转至 2300 r/min

（1）DEH-自动控制点击“目标转速”，目标转速设定“2300 r/min”，升速率输入“100”，点击进行/保持选择“进行”，升速至 2300 r/min 暖机。

（2）检查顶轴油泵在 2000 r/min 时联跳正常，投入备用。

（四）汽轮机冲转至3000 r/min

（1）DEH-自动控制点击“目标转速”，设定“3000 r/min”，升速率输入“100”，点击进行/保持选择“进行”，升速至3000 r/min。

（2）DCS-润滑油系统交流启动油泵投入自动，停运交流润滑油泵和交流启动油泵。

## 六、系统的停运

### （一）停运前的准备工作

（1）值长接到停机命令并明确停机的原因、时间、方式后，应通知各相关部门及各岗位做好停机前的准备及工作安排。

（2）停运前应对机、炉、电设备和系统全面检查一次，统计缺陷。

（3）机组大、小修或停炉时间超过7天，应将原煤仓烧空。

（4）联系邻机，将辅助蒸汽、采暖供热切换为邻机供汽，单机运行时需启动小锅炉运行。

（5）检查燃油系统，逐个试投油枪。

（6）检查辅助蒸汽联箱汽源、轴封辅助汽源、除氧器、给水泵小机、引风机小机备用汽源暖管正常，处于热备用状态。

（7）交流润滑油泵、直流润滑油泵、交流启动油泵、顶轴油泵及盘车电机试转正常，顶轴油泵入口滤网清扫干净差压正常。

（8）停炉前对锅炉受热面全面吹灰一次。

（9）全面抄录一次蒸汽及金属温度，记录一次锅炉膨胀值，在减负荷过程当中，记录好相关负荷点监视参数。

（10）检查高备变运行正常，试转柴油发电机正常。

### （二）正常停运

（1）将辅助蒸汽联箱切由邻机或小锅炉供汽，将供热负荷倒为临机接带。

（2）按规定进行机组停机前相关试验正常，具体操作要求同滑参数停机。

（3）值长在接到调度开始停机的命令后，机组按照滑压运行曲线在660~300 MW负荷时以15~9 MW/min的速率滑压减负荷，主、再热蒸汽温度维持在额定范围。

（4）减负荷和停炉前对炉膛进行一次全面吹灰。

（5）逐渐减少进入炉内燃料量，维持主蒸汽和再热蒸汽温度、压力在正常范围内。

（6）根据机组负荷及锅炉燃烧情况，及时投油稳定燃烧，投入空预器连续吹灰，视汽温下降情况关小或关闭减温水门，根据实际需要停止制粉系统运行。

（7）减负荷过程中，检查轴封汽源切换正常，轴封供汽压力维持在正常范围内。

（8）负荷降至300 MW，主蒸汽压力13.75 MPa，主、再热蒸汽温度维持额定温度。

（9）在300~60 MW负荷时，以9~5 MW/min的速率滑压减负荷。

（10）根据情况解列一台汽泵，将另一台汽泵汽源切至辅助蒸汽。

（11）机组负荷 180 MW 时，切换厂用电为 1 号高备变带。

（12）机组负荷降至 180 MW、120 MW、60 MW 时，分别检查低压、中压、高压部分相应疏水门自动开启。

（13）当除氧器压力降至 0. 147 MPa 时，除氧器汽源切至辅助蒸汽。

（14）负荷降至 60 MW 时，启动交流启动油泵、交流润滑油泵运行。检查机组无异常后，汽轮机手动打闸，发电机程序逆功率保护动作解列灭磁。

（15）最后一台磨煤机吹空停运（此前应保持至少两支大油枪运行），锅炉手动 MFT。

（16）其余操作同滑参数停机。

（17）机组任何一项紧急停运条件达到时应将机组紧急停运。

## 七、故障分析及处理

### （一）调节系统故障（转速波动、调速器不能控制）

（1）检查蒸汽参数过低或压力波动（负荷波动）。

处理：检查控制油系统，调整恢复蒸汽参数。

（2）油质太脏（错油门滑阀转动频率不稳）。

处理：清洗油循环系统，检查更换过滤器（油箱）。

（3）错油门、油动机卡涩。

处理：解体检查清洗。

（4）调节汽阀卡涩，阀座松动，阀头脱落，提杆断裂，调节阀提板组件安装有误。

处理：检查调节阀组件。

（5）主汽阀（或蒸汽一次阀）未全开，处于节流状态。

处理：全开主汽阀或（蒸汽一次阀），排除故障。

（6）仪表压力变送器发生故障，风压控制信号波动或失控。

处理：汽轮机转速控制改为手动，检查仪表压力变送器（由仪表专业人员处理）。

### （二）汽轮机主轴轴向位置变化

当汽轮机在异常情况下运行时，会引起轴向推力瓦异常变化，如果轴向力过大，可使推力轴承烧毁，转子窜动，产生轴向动静摩擦，机组产生强烈振动，造成重大事故，应特别注意轴向的变化。

引起变化的原因主要有以下两个方面：

（1）设备超负荷运行：超负荷运行时，流量必然增大，超过正常值，机内各级前后的压力差变大，使轴向推力增加，如果超过负荷过多、过猛，叶片流道内蒸汽加速度、轴向分速度也瞬时增大，将使轴向推力骤然增加，因此运行中要控制好负荷。

（2）级间密封磨损：平衡活塞、喷嘴、隔板、轴封磨损过多，造成间隙增大，漏汽量增大，因为间隙漏过的蒸汽经过喷嘴，有很高的压力，致使叶轮前面压力增高，造成轴向力增加。所以在检修时要保留良好的汽封间隙，按规定正常启动和运行汽轮机，不使密封发生摩擦、磨损，保证生产。

## 复习思考题

1. 汽轮机冲转时锅炉应注意什么？
2. 汽轮机冲转前投入哪些疏放水？
3. 汽轮机水冲击的原因是什么？

# 任务 2-17　发电机并网系统

## 一、系统介绍

将发电机同步并入电网以向电网输出电能。

## 二、发电机并网的方法

实现发电机并网的方法有准同期并列和自同期并列两种。

### （一）准同期并列

1. 准同期并列的方法

准同期并列是待并机级并列前，转子先加励磁电流，并调整发电机电压与系统电压相等；同时调整发电机转速使发电机的频率与系统频率相等；当上述两个条件满足时，在相位重合前一时刻发出合闸脉冲，合上发电机与系统之间的断路器，这种并列称为准同期并列。

2. 准同期并列的优缺点

优点：在正常情况下，并列时产生的冲击电流比较小，不会使系统电压降低，并列后容易拉入同步，对系统扰动小。

缺点：因同期时需调整待并发电机的电压和频率，使之与系统电压、频率接近，这就要花费一定时间，使并列时间加长，不利于系统发生事故时及时投入备用容量。

3. 准同期并列的理想条件

（1）待并发电机端电压与系统电压相等；

（2）待并发电机端电压的相位与系统电压的相位相同；

（3）待并发电机的频率与系统频率相等；

（4）待并发电机的相序与系统相序相同。

### （二）自同期并列的优缺点

优点：并列过程短，操作简单，在系统电压和频率降低的情况下，仍有可能将发电机并入系统，且容易实现自动化。

缺点：合闸时的冲击电流较大，对电力系统扰动大，不仅会引起电力系统频率振荡，而且会在自同期并列的机组附近造成电压瞬时下降。

综上所述，自同期并列仅在系统中的小容量发电机上采用。大中型发电机均采用准同期并列方法。

## 三、发电机并网操作

（1）在“发变组保护压板 A”界面，投入各保护压板，投检修状态压板、跳闸备用压板不投。

（2）检查确认发变组保护 A 保护压板投入正常。

（3）在“发变组保护压板 B”界面，投入各保护压板，投检修状态压板、跳闸备用压板不投。

（4）检查确认发变组保护 B 保护压板投入正常。

（5）在“发变组保护压板 C”界面，投入各保护压板，投检修状态压板、跳闸备用压板不投。

（6）检查确认发变组保护 C 保护压板投入正常。

（7）检查隆 221 母地刀闸在断开位，检查隆 221 南刀闸在断开位，检查隆 221 北刀闸在断开位，检查隆 221 开关在断开位。点击将隆 221 中性点接地刀闸合闸，点击将 1 号发电机中性点接地刀闸合闸。

（8）点击“发电机 PT 就地控制柜”，弹出二级面板，点击二级面板的右侧箭头，切换二级面板，检查发电机各相 PT 的保险和二次插件完好，依次点击各相 PT 的保险和二次插件，投入各相 PT。

（9）点击“主变冷却装置就地控制柜”，弹出二级面板，点击二级面板的右侧箭头，切换二级面板，合上 1 号主变风扇控制箱柜后所有电源开关，点击右侧的返回箭头，将 1 号主变通风箱风机温度控制开关切至“自动”位置，合上 1 号主变通风箱所有风扇控制单元模块Ⅰ电源开关、单元模块Ⅱ电源开关，将 1 号主变通风箱其中两台风扇控制单元模块控制转换开关切至“手动”位置，其余切至“自动”位置，检查 1 号主变冷却器控制箱各电源指示正常，检查 1 号主变各冷却器组运行正常。

（10）点击“高厂变冷却器就地控制柜”，弹出二级面板，合上高厂变冷却器所有的Ⅰ电源开关、Ⅱ电源开关和直流控制开关，所有的控制转换开关打到自动位，风机自动投入打到工作位，远方/就地打到远方位。

（11）合上隆 221 南刀闸，点击隆 221 发变组断路器，合上柜后所有的空开电源，打到远方位。点击灭磁开关断路器，合上柜后所有的空开电源，打到远方位。点击“励磁就地控制柜”，弹出二级面板，点击二级面板的右侧箭头，切换二级面板，合上柜后所有电源开关。然后选择励磁通道 CH1，Mode 打到手动 Man。点击“同期就地控制屏”，弹出二级面板，WY 单双侧无压确认开关打到同期位，DTK 工作实验选择开关打到投入位。

（12）检查确认汽轮机转速 3000 r/min 暖机结束，没有禁止发电机并网的情况。

（13）点击励磁，切换方式切换到自动方式运行，投入励磁，灭磁开关闭合，励磁电压、励磁电流升高，发电机定子电压升至额定电压（22 kV）。

（14）点击“DEH 请求”。

（15）进入 DCS“DEH”界面，进入“自动控制”界面，投入自动同期。

（16）然后点击“同期启动”，相位满足条件后，自动将隆 221 断路器合闸，并网完成。

（17）检查发电机各参数正常。

## 四、故障分析及处理

针对断路器自动跳闸故障进行分析。

### （一）现象

（1）检查属何种保护动作，判明故障性质，准确进行处理。消除故障时，若有必要，应及时通知有关检修人员到场配合处理。

（2）发电机静子三相不平衡电流接近或超过额定值的 10%，发电机非对称过负荷、非全相运行和定子接地预告信号出现。

（二）处理

（1）若保护动作发电机解列，检查所带厂用工作电源是否跳闸，备用电源是否自投。

（2）并网的主要工作元件是自动准同期装置，通过同期点（发电机出口开关）与系统（也就是大电网）准同期并列。并网条件：发电机电压、相位、频率与系统电压、相位、频率相一致。

## 复习思考题

1. 关于发电机并网条件说法不正确的是（　　）。(单选)
   A. 并网前要求发电机机端电压与系统电压一致
   B. 并网前要求发电机机端电流与系统电流相同
   C. 并网前要求发电机机端相位与系统相位相同
   D. 并网前要求发电机机端频率与系统频率相同
2. 发电机并网时，若不符合并网条件进行并列，则会产生相当高的冲击电压，对电网和发电机本身都不利。这种说法是否正确？(　　)（单选）
   A. 是　　B. 否
3. 下列参数哪个不是发电机与系统并网的条件中的参数？(　　)（单选）
   A. 相位　　B. 电压　　C. 频率　　D. 纹波系数
4. 下列哪项不是同步发电机并网条件？(　　)（单选）
   A. 发电机电压的平均值等于电网电压平均值
   B. 发电机电压相位与电网电压相位相同
   C. 发电机频率与电网频率相同
   D. 发电机电压相序和电网电压相序一致
5. 为避免发电机与电力系统在并列时产生较大的冲击电流会烧坏发电机，要求机组在并网时必须满足哪三个条件？(　　)（多选）
   A. 电流相等　　B. 发电机与电力系统电压相等
   C. 电压相位一致　　D. 频率相等

# 任务 2-18　低压加热器系统

## 一、系统介绍

低压加热器作为一种热量转换装置，是利用汽轮机的部分抽汽对凝结水进行加热的装置，低压加热器是一种为了提高汽轮机热效率的抽汽回热的换热器，它是用从汽轮机中、低压缸抽出来的部分做功的蒸汽去加热从凝结水泵升压后至除氧器这一段凝结水的温度。

## 二、主要设备及作用

低压加热器由壳体和管系两大部分组成，在壳体内腔上部设置蒸汽凝结段，下部设置疏水冷却段，进、出水管顶端设置凝结水进口和凝结水出口。当过热蒸汽由进口进入壳体后即可将上部主螺管内的凝结水加热，蒸汽凝结为水后，凝结的热水又可将下部疏冷螺管内的部分凝结水加热，被利用后的凝结水经疏水出口流出壳体外。提高机组效率，提高凝结水温度，提高经济效益。

## 三、系统流程及主要参数

本系统流程如图 2-16 所示。主要参数如下：

（1）各低加水位：保持合适的水位可以提高换热效率，同时防止低加水位太高造成汽轮机进水。

（2）各抽汽温度：监视抽汽温度与负荷的对应关系，如温度异常偏高或偏低应及时查看机组负荷变化或抽汽量变化。

（3）各抽汽压力：抽汽压力的变化会影响加热器压力的变化，同时也可反映出汽轮机工况的改变。

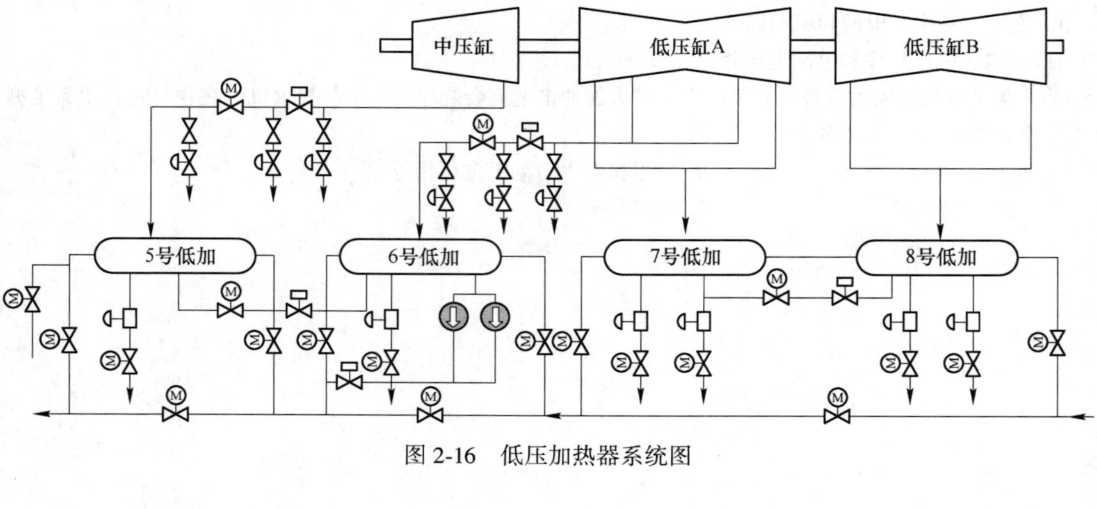


图 2-16　低压加热器系统图

## 四、系统的启动

投停原则：先投水侧、后投汽侧，先停汽侧、后停水侧。投运时按压力由低到高，停运时按压力由高到低。

（1）各低压加热器（低加）水侧随凝结水系统启动。

（2）打开 5 号低加汽侧启动排汽一、二次阀，打开 5 号低加汽侧连续排汽阀，打开 5 号低加汽侧 2 号启动排汽阀。

（3）打开 6 号低加汽侧 1 号启动排汽一、二次阀，打开 6 号低加汽侧连续排汽阀，打开 6 号低加连续排汽二次门，打开 6 号低加汽侧 2 号启动排汽阀。

（4）打开 7 号低加汽侧 1 号启动排汽阀，打开 7 号低加汽侧连续排汽阀，打开 7 号低加汽侧 3 号启动排汽阀。

（5）打开 8 号低加汽侧连续排汽阀，打开低加汽侧 1 号、2 号启动排汽阀。

（6）打开五抽逆止门前、后疏水手动门，打开五抽电动门后疏水手动门，打开六抽逆止门前、后疏水手动门，六抽电动门后疏水手动门。

（7）检查五、六段抽汽逆止阀前、后疏水气动门和五、六段抽汽电动门后疏水气动门在开启状态，否则开启。

（8）打开 5 号低加正常疏水电动门、危急疏水电动门。

（9）打开 7 号低加危急疏水电动门、7 号低加正常疏水电动门。

（10）打开 8 号低加危急疏水电动门、8 号低加正常疏水电动门。

（11）打开六段抽汽逆止阀。

（12）打开六段抽汽电动门。

（13）疏水充分后，关闭六段抽汽逆止门前、后疏水气动门，关闭六段抽汽电动门后疏水气动门。

（14）关闭 6 号低加汽侧 1 号启动排汽一、二次阀，关闭 6 号低加汽侧 2 号启动排汽阀。

（15）通过 6 号低加危急疏水门控制 6 号低加水位，水位正常后，投运 6 号低加 1 号正常疏水泵。

（16）打开 6 号低加疏水泵出口母管调节阀后隔离阀。

（17）打开 6 号低加 1 号、2 号正常疏水泵入口电动门，打开 6 号低加正常疏水泵出口母管调节阀（低负荷时投入需要调节阀门开度到 50%左右，随着负荷的增大直至全开），打开 6 号低加正常疏水泵再循环电动门，打开低加疏水泵再循环调阀。

（18）疏水泵投运正常后，将 6 号低加危急疏水门投入自动，备用疏水泵投入联锁。

（19）6 号低加投运后，打开五段抽汽逆止阀。

（20）打开五段抽汽电动门。

（21）关闭五段抽汽逆止门前、后疏水气动门，关闭五段抽气电动门后疏水气动门。

（22）关闭 5 号低加汽侧启动排汽一、二次阀，关闭 5 号低加汽侧 2 号启动排汽阀。

（23）关闭 7 号低加汽侧 1、3 号启动排汽阀。

（24）关闭 8 号低加汽侧 1、2 号启动排汽阀。

（25）通过 5 号低加危急疏水门控制 5 号低加水位，待 5 号低加水位正常后，将 5 号低加危急疏水门投入自动，设定自动值为 40，将 5 号低加正常疏水调节阀投入自动，设定自动值为 0。

（26）将 7 号、8 号低加危急疏水门投入自动，设定自动值为 40，将 7 号、8 号低加正常疏水调节阀投入自动，设定自动值为 0。

（27）待低加全部投入正常后，检查各加热器水位，出水温度及端差正常。

## 五、系统的停运

（1）先由高压到低压逐渐缓慢关闭各抽汽电动门，控制出水温度变化率≥2 ℃/min，当 5 号、6 号低加汽侧压力降低至低加疏水泵不能维持正常疏水，停运低加疏水泵打开低加事故疏水调整门，疏水走疏水扩容器，关闭各低加正常疏水调整门。

（2）关闭低加连续排空气门后，逐渐关闭低加抽汽电动门至全关，检查确认各汽侧阀门关闭严密，打开汽侧放水门，打开汽侧启动排空气门，放水消压，注意凝汽器真空变化。

## 复习思考题

1. 影响加热器正常运行的因素有哪些？
2. 低压加热器水位过高有什么影响？

# 任务 2-19　高压加热器系统

## 一、系统介绍

高压加热器是一种为了提高汽轮机热效率的抽汽回热的换热器，它是从汽轮机高中压缸抽出来的高温高压蒸汽去加热从给水泵升压后至锅炉这一段给水的温度，主要应用于大型火电机组回热系统，其传热性能的优劣直接影响机组的经济性与安全性。因此提高高压加热器的传热效率，减小热量传递过程中的不可逆损失，成为解决能源高效利用的重要措施之一。

## 二、主要设备及作用

一台加热器内部可分为蒸汽冷却段、凝结段、疏水冷却段三个换热部分。蒸汽冷却段是利用从汽轮机抽出的蒸汽的一部分显热来提高给水温度的。凝结段是利用蒸汽冷凝时的潜热来加热给水的。疏水冷却段是把离开凝结段的疏水的热量传给进入加热器的给水，而使疏水温度降低到饱和温度以下。主要结构如下：

（1）隔板和支撑板：钢制隔板沿着整个长度方向布置，这些隔板支撑着管束并引导蒸汽沿着管束按 90°转折流过管子，隔板又借助拉杆和定距管固定。

（2）防冲板：在加热器里装置不锈钢防冲板，是为了防止进入壳侧液体和蒸汽不直接冲击管束，以免管束受冲蚀，延长管子使用寿命。这些防冲板都布置于壳体各进口处。

（3）包壳板：过热蒸汽冷却段和疏水冷却段都用钢制包壳板封闭。

（4）U 形管：焊接或胀在管壁上。

## 三、系统流程及主要参数

本系统流程如图 2-17 所示。

主要参数：

各高加水位：保持合适的水位可以提高换热效率，同时防止高加水位太高造成汽轮机进水。

高加出口温度：出口温度变化会影响锅炉运行，要及时调整燃烧。

端差：一般来说加热器的端差是指上端差，即加热器汽侧压力下的饱和水温度（疏水温度）与出口水温度之差值，也叫出口端差。下端差=离开疏水冷却器的疏水温度与加热器进口水温之差，又叫入口端差。端差增大的主要原因有加热器管子表面结垢、加热器内积聚了不凝结气体、疏水水位过高淹没了部分管子、抽汽压力及抽汽量不稳定、加热器水侧走旁路等。

## 四、系统的启动

（1）点击“高加解列”，点击复位按钮，复位条件满足，复位高加解列信号。

（2）打开蒸汽冷却器出口电动门。

（3）打开高加三通电动门。

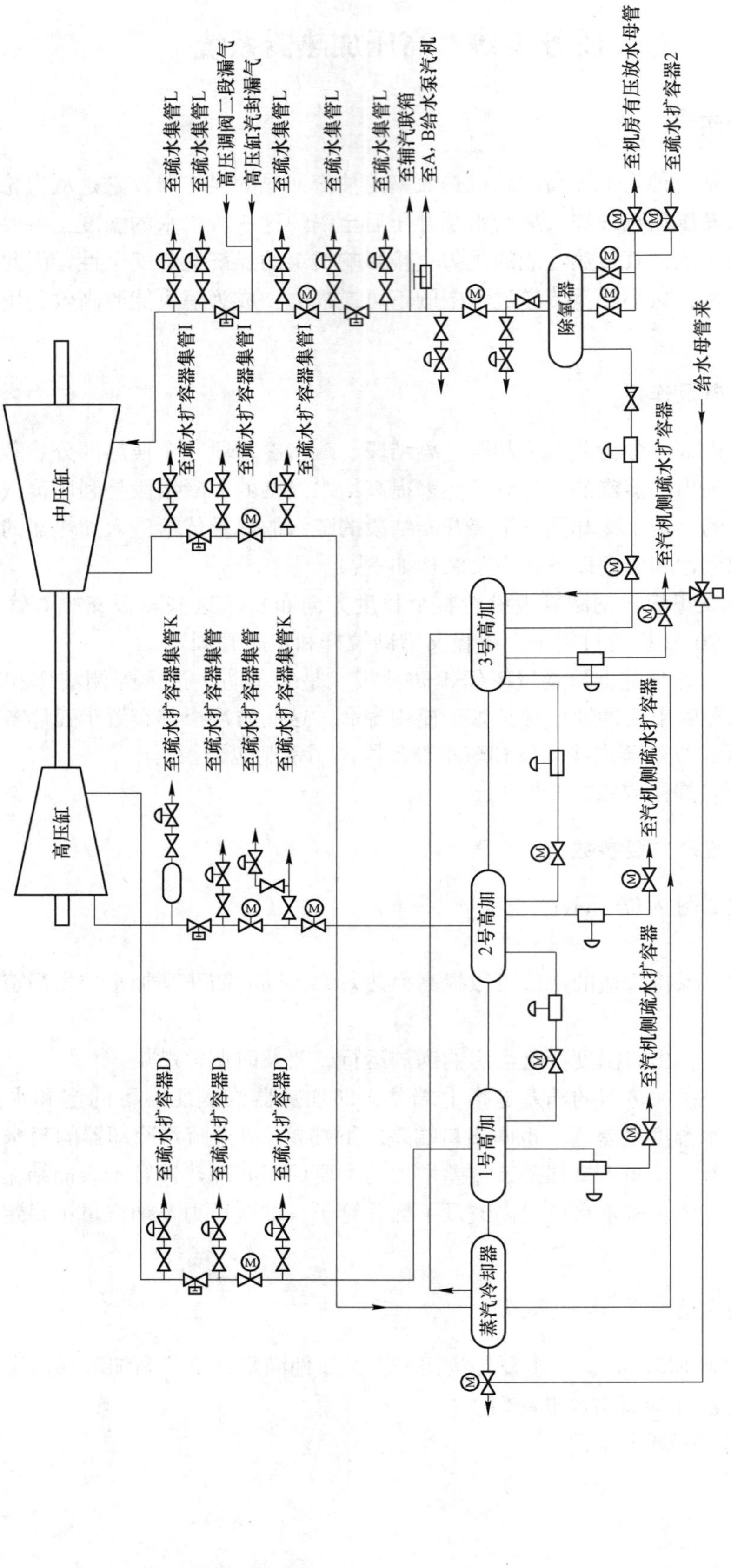


图2-17　高压加热器系统图

(4) 打开1号、2号、3号高加危急疏水电动门，打开1号、2号、3号高加正常疏水电动门，打开1号、2号、3号高加正常疏水调节阀。

(5) 打开一抽逆止门前、后疏水手动门，打开一抽电动门后1号疏水手动门。

(6) 打开二抽逆止门前、后疏水手动门，打开2号高加进汽电动门前疏水手动门，打开二抽至临机高加进汽联络电动门后疏水总门，打开二抽至临机高加进汽联络电动门后疏水手动门。

(7) 打开三抽逆止门前、后疏水手动门，打开三抽电动门后1号疏水手动门。

(8) 打开外置式蒸汽冷却器疏水一、二次阀，打开外置式蒸汽冷却器汽侧启动排汽一、二次阀。

(9) 打开1号、2号、3号高加汽侧启动排汽一、二次阀，打开1号、2号、3号高加汽侧运行排汽一、二次阀。

(10) 打开三段抽汽三个疏水气动门，三段抽汽逆止阀，三段抽汽电动门。

(11) 疏水充分后将三段抽汽各疏水气动门关闭。

(12) 高压加热器投运初期通过3号高加危急疏水门控制高压加热器水位，待3号高加水位正常后，将3号高加危急疏水门投入自动，将3号高加正常疏水调节阀投入自动，设定自动值为0。

(13) 打开二段抽汽三个气动疏水阀，二段抽汽逆止阀，二段抽汽电动门，打开2号高加进汽电动门。

(14) 疏水充分后将二段抽汽各疏水气动门关闭，关闭临机加热管道疏水气动门。

(15) 待2号高加水位正常后，将2号高加危急疏水门投入自动，将2号高加正常疏水调节阀投入自动，设定自动值为0。

(16) 打开一段抽汽三个疏水气动门，一段抽汽逆止阀，缓慢打开一段抽汽电动门。

(17) 疏水充分后将一段抽汽各疏水气动门关闭。

(18) 待1号高加水位正常后，将1号高加危急疏水门投入自动，将1号高加正常疏水调节阀投入自动，设定自动值为0。

(19) 待高加全部投入正常后，检查各高加水位，出水温度及端差正常。

(20) 关闭1、2、3号高加汽侧启动排汽一、二次阀，外置式蒸汽冷却器汽侧启动排汽一、二次阀；关闭外置式蒸汽冷却器疏水一、二次阀。

## 五、系统的停运

(1) 先投水侧、后投汽侧，先停汽侧、后停水侧。投运时按压力由低到高，停运时按压力由高到低。

(2) 停任何一台高加的水侧，三台高加必须全部解列，高加汽侧单独停，停2号高加汽侧，必须同时停运1号高加汽侧，停3号高加汽侧，三台高加汽侧必须全部停运。

(3) 高加投停时，尽量保持负荷稳定，控制出口水温变化率限定在≤1 ℃/min，最大≥110 ℃/h。低加投停时，控制出口水温变化率≥2 ℃/min。

(4) 高、低加投运前，水位保护应正常投入，事故疏水门开关试验正常，高、低加的相关测点正常。

在高、低加的投停过程中，必须严格监视汽轮机组的各部运行情况，尤其是差胀的变化。应严格控制高、低加的出水温升、温降率在允许范围内，发现异常应停止操作，迅速查找原因，消除异常。除特殊情况外，低加应随机组滑参数投停，高加汽侧投运在机组启动切完缸后进行。

### 六、故障分析及处理

故障：加热器水室隔板密封泄漏或冲刷损坏。

（1）分析：在 U 形管管板式加热器的水室内，分程隔板常用螺栓螺母连接。在螺母松弛或损坏，隔板冲刷损坏，或者垫片损坏时，均会造成给水从进口直接漏到出口，造成所谓的“短路”，给水温度就降低了。

（2）螺栓松动或损坏应更换高强度螺栓并把紧，垫片损坏应更换合格垫片并把紧。隔板损坏可采取焊接修补处理或更换强度更高的隔板。

## 复习思考题

1. 高压加热器运行中应（　　）。(单选)
   A. 保持无水位　　B. 保持有水位　　C. 保持一定水位
2. 高压加热器应该有（　　）保护。(单选)
   A. 温度　　B. 水位　　C. 压力　　D. 安全阀门
3. 高压加热器容器为（　　）容器。(单选)
   A. 一类　　B. 二类　　C. 三类　　D. 四类
4. 高压加热器为什么要设置水侧自动旁路保护装置，其作用是什么？

# 模块3 锅炉本体及辅助系统

## 任务3-1 锅炉启动系统

### 一、系统介绍

锅炉启动系统由内置式汽水分离器、储水罐、水位控制阀、启动扩容器、疏水泵等组成。在本生负荷（21%BMCR）以下，水冷壁出口的汽水混合物在启动分离器中分离，蒸汽经分离器顶部引入过热器，水经分离器、储水罐、水位控制阀至锅炉疏水扩容器，锅炉启动过程中水质不合格时排至地沟，水质合格时由疏水泵排至凝汽器。

### 二、主要设备及作用

（1）汽水分离器：组成循环回路，建立启动流量。实现汽水混合物的两相分离，使蒸汽进入过热器系统，水再回到水冷壁循环加热。在机组启动时形成类似于汽包锅炉的可固定蒸发点，方便运行控制。在直流运行工况时，作为中间点，便于过热蒸汽温度的控制。

（2）储水罐：收集由汽水分离器分离出来的水，临时储存后由疏水泵送往凝汽器。

（3）水位控制阀：自动控制储水罐的水位。

### 三、系统流程及主要参数

本系统流程见图3-1。主要参数包括给水流量、分离器过热度、储水罐水位等。

### 四、系统的启动

（1）打开包墙出口联箱放气一、二次门，屏过出口放气一、二次门，低过出口放气一、二次门，高过出口放气一、二次门。

（2）打开省煤器出口排气手动门，水冷壁出口排气手动门，左、右侧分离器排气手动门。

（3）打开低温再热器出口放空气一、二次门，高温再热器出口放空气一、二次门。

（4）检查关闭所有喷水减温器调节阀和电动门。

（5）通知化学人员化验水质，水质合格，锅炉开始上水。

（6）打开电泵出口电动门，打开主给水旁路调节门前、后门，调节主给水旁路调门维持给水流量200 t/h左右。

（7）关闭省煤器出口排气手动门，水冷壁出口排气手动门，左、右侧分离器排气手动门。

（8）当储水罐液位至9.0 m左右，上水完成，关闭主给水旁路调节阀。

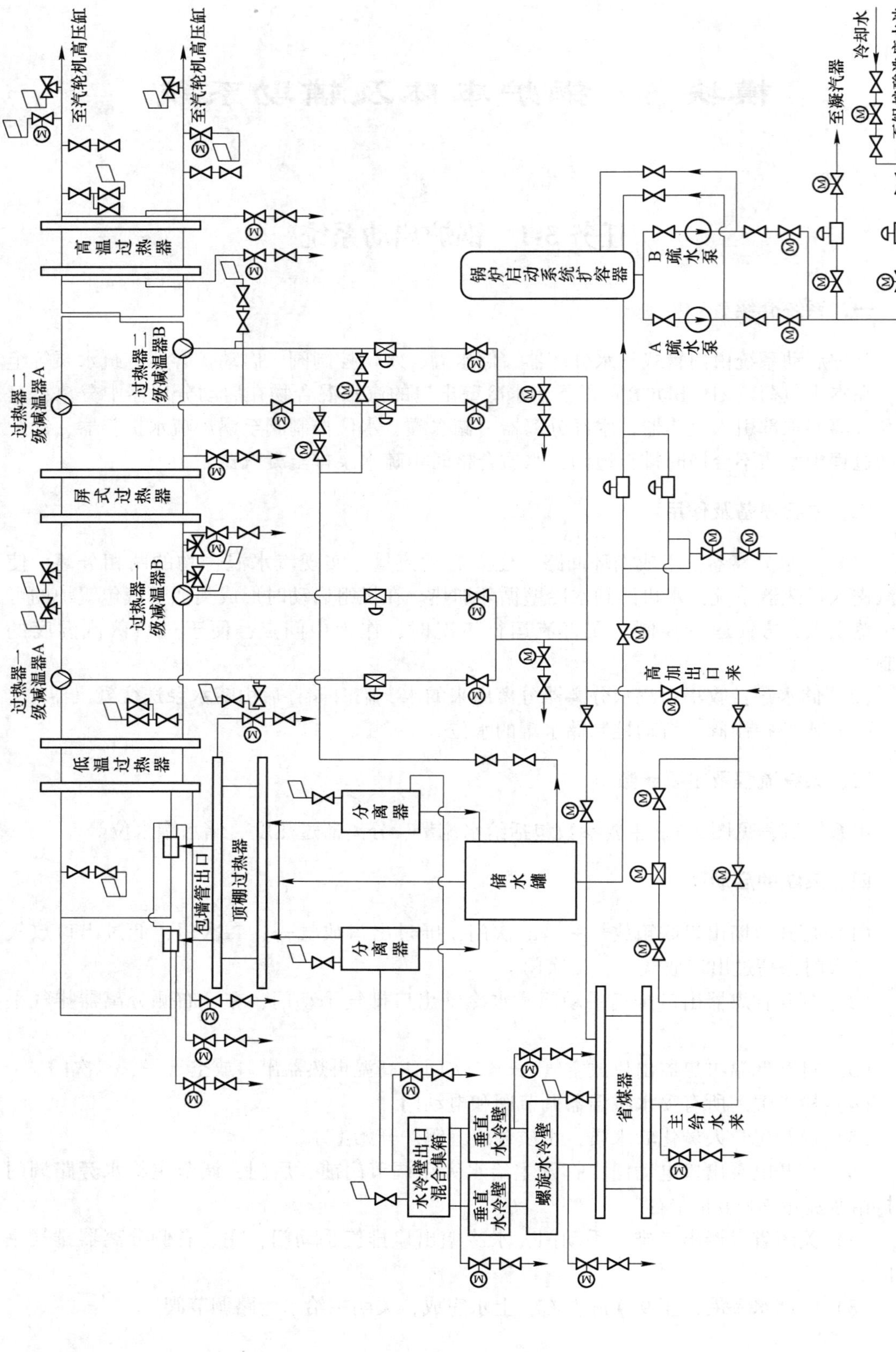
至汽轮机高压缸
至汽轮机高压缸
高温过热器
过热器二级减温器A
过热器二级减温器B
屏式过热器
过热器一级减温器A
过热器一级减温器B
低温过热器
包墙管出口
顶棚过热器
分离器
分离器
储水罐
水冷壁出口混合集箱
垂直水冷壁
垂直水冷壁
螺旋水冷壁
省煤器
主给水来
高加出口来
锅炉启动系统扩容器
A疏水泵
B疏水泵
至凝汽器
冷却水
至锅炉酸洗废水池

图3-1　锅炉启动系统图

## 五、系统的停运

随着锅炉负荷增加，锅炉运行状态将由湿态变为干态，在转换过程中保持给水量不变，增加给煤量，储水罐水位调节阀逐渐关闭，分离器出口出现过热度，锅炉转为干态运行。储水罐水位调节阀自动关闭。

## 六、故障分析及处理

故障：水位控制阀阀自动投不上。

### （一）现象

（1）水位控制阀阀自动投不上。
（2）水位控制阀阀退出自动。

### （二）原因

（1）储水罐水位测量装置发生故障或执行机构发生故障。
（2）储水罐水位波动大，水位控制阀阀指令与反馈越限。

### （三）处理

（1）手动调整储水罐水位。
（2）联系检修人员处理设备故障。
（3）水位稳定后投水位控制阀阀自动。

## 复习思考题

1. 火电厂锅炉的给水由（　　）组成。（多选）
   A. 汽轮机凝结水　　B. 锅炉补给水　　C. 疏水　　D. 定期排水
2. 锅炉上水有哪些要求？

# 任务3-2　密封风及火检冷却系统

## 一、系统介绍

火焰检测系统是锅炉燃烧保护系统最重要的组成部分，该系统通过检测燃烧器火焰燃烧情况判断锅炉是否灭火，在灭火情况下发出保护（或报警）信号，锅炉控制系统自动切断所有燃料MFT，保证安全停炉。锅炉正常运行时，在没有火焰检测和相应的安全联锁保护的情况下，如果锅炉火焰丧失，而未及时切断燃料，未燃烧的气粉混合物进入炉膛后，当达到一定比例时，锅炉会发生局部爆燃现象，严重的时候会损害锅炉安全以及危害人身安全。

密封风系统：在正压状态运行的磨煤机，不严密处有可能往外冒粉，污染周围环境，甚至可能通过转动部分的间隙漏粉，加剧动静部位及轴承的磨损，并使润滑油脂劣化。为此，这些部位均应采取密封措施，即送入压力较磨煤机内干燥剂压力高的空气，阻止煤粉气流的逸出。密封空气的气源，小型磨煤机一般用压缩空气，大型磨煤机则安装专用的密封风机。采用冷一次风机时，冷一次风机可兼作密封风机。

## 二、主要设备及作用

（1）火检冷却风机：每台机组有2台火检冷却风机，互为备用。其形式为离心式，为火焰检测器提供冷却风。

（2）火检探头：每个油枪（包括小油枪）有一个油火检探头，每个煤粉喷燃器有一个煤火检探头。为了避免火检系统不必要的损失，油角阀关闭锁该油火检投入：给煤机停止运行或磨煤机出口一次风关断挡板关状态信号闭锁煤火检投入。

（3）密封风机入口调节阀：又称控制阀，它是过程控制系统中用动力操作去改变流体流量的装置。调节阀由执行机构和阀组件组成。执行机构起推动作用，而阀起调节流量的作用。

（4）密封风机：将冷一次风压力提高，送入给煤机、磨煤机等需要密封的设备，为密封风系统提供风量。

## 三、系统流程及主要参数

本系统流程见图3-2。

（1）密封风母管压力：保证密封风压力高于一定值，起到密封作用。

（2）冷却风风量：提供足够的风量冷却火焰检测探头。

## 四、系统的启动

### （一）启动火检冷却风机

（1）打开A、B火检冷却风机出口手动门。

（2）依次打开A1至A6层煤火检冷却风手动门，打开A1至A6层油火检冷却风手

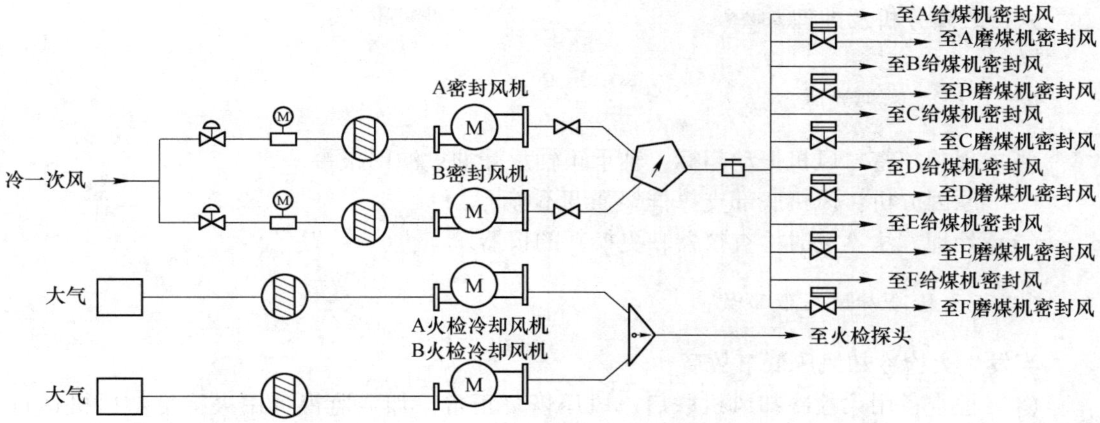


图 3-2　密封风及火检冷却风系统图

动门。

（3）按照同样的步骤依次打开 B、C、D、E、F 层煤、油火检冷却风手动门。

（4）点击 A 火检冷却风机，在弹出的火检冷却风机操作界面中，点击“启动”按钮，点击“确认”按钮，检查启动按钮变红，检查冷却风机出口压力大于 6 kPa。

（5）待 A 火检冷却风机启动正常后，点击“火检冷却风机联锁”按钮将另一台冷却风机投入联锁备用。

（二）投运密封风机

（1）打开 A、B 密封风机出口手动门，打开 A、B、C、D、E、F 磨煤机密封风手动门，A、B、C、D、E、F 给煤机密封风手动门，A、B、C、D、E、F 磨煤机管道阀手动门；打开 A、B、C、D、E、F 磨煤机密封风气动插板阀。

（2）关闭 A 密封风机入口调节阀，A 密封风机入口气动插板门。

（3）启动 A 密封风机。

（4）A 密封风机入口气动插板门联启。

（5）检查风机电流，轴承温度正常。

（6）打开 A 密封风机入口调节阀，投自动压力设定为 14 kPa；

（7）投入密封风机联锁。

## 五、系统的停运

（1）所有磨煤机全停或两台密封风机运行且母管风压大于 14 kPa 后，密封风机才允许停运或允许停运其中一台密封风机。

（2）退密封风机联锁。

（3）缓慢关闭待停密封风机入口调节挡板。

（4）关闭待停密封风机入口电动挡板。

（5）在 DCS 上停止密封风机的运行。

## 六、故障分析及处理

### （一）密封风机故障

（1）现象：密封风机振动超标；轴承箱轴承漏油；滤网报警。

（2）原因分析：风机底部支撑框架强度不够。

（3）处理方法：及时检查仪器，更换新的仪器。

### （二）火检冷却风压低事故

当发生火检冷却风压低事故后：

（1）检查备用火检冷却风机联启，风压恢复正常，加强监视备用火检冷却风机运行情况，派巡检人员检查就地火检冷却风系统运行情况，派巡检人员检查就地火检冷却风机电源开关报警情况，及时查找火检冷却风压低的原因，及时恢复投备。

（2）检查备用火检冷却风机联启，但风压仍低，立即检查就地压力表读数，若压力不正常，应敲打风机滤网，检查风机出口换向挡板状态，检查等离子火检冷却风风源情况，导通风道，恢复系统正常运行方式。若是就地检查火检冷却风母管压力不低，可及时联系热工人员解除火检冷却风压力低触发 MFT 保护，然后处理压力开关。

（3）若备用火检冷却风机联启不成功，立即抢启备用火检冷却风机。派巡检人员检查就地压力表读数，若压力不正常，则敲打风机滤网，检查风机出口换向挡板状态，检查等离子火检冷却风风源情况，导通风道，恢复系统正常运行方式。派巡检人员检查就地火检冷却风机开关报警情况，及时查找火检冷却风压低原因，恢复系统正常运行方式。

（4）若备用火检冷却风机联启不成功，立即抢启备用火检冷却风机，风压仍低，压力低于 3.23 kPa 后延时 2 min 便触发 MFT，触发 MFT 后先维持停炉不停机状态。立即联系检修人员检查火检探头及火检风压低原因，维护炉膛负压等待处理结果，若火检风机故障无法在短时间内解决，汇报单元长并准备机组停运工作。

## 复习思考题

1. 简述密封风机振动大的原因。
2. 风机调试前应该检查哪些内容？

# 任务 3-3　空预器系统

## 一、系统介绍

空气预热器简称空预器，是提高锅炉热交换性能，降低热量损耗的一种预热设备。空预器可分为管箱式、回转式两种，其中回转式又分为风罩回转式和受热面回转式两种。电站锅炉较常采用受热面回转式预热器。在锅炉中的应用一般为两分仓、三分仓、四分仓式，其中四分仓较常用于循环流化床锅炉中。

空气预热器主要作用如下：

（1）降低排烟温度，提高锅炉效率；

（2）改善燃料的着火与燃烧条件，降低不完全燃烧；

（3）节约金属，降低造价。提高燃烧空气温度后，炉膛平均温度升高，强化了炉内辐射传热，在同样蒸发量的条件下，水冷壁可以布置得少一点；

（4）降低烟气温度，改善引风机工作条件；

（5）采用热风作干燥剂有利于制粉系统的正常工作。

## 二、主要设备及作用

回转式空气预热器主要由外壳、转子、传动装置、密封装置组成。

（1）外壳：一般由多边形筒体、上下端板和上下扇形板等组成。上下端板上都留有烟风道的开孔，并与烟道、风道相连接。

（2）转子：转子是装载传热元件并能旋转的圆柱形部件，主要包括中心筒、外圆筒、轴、隔板和传热元件。

（3）传动装置：回转式空气预热器由传动装置驱动转子旋转，通常包含一台主电机和一台辅电机。

（4）密封装置：为了减小漏风，回转式空气预热器均装有密封装置，主要有径向密封、轴向密封和旁路密封。

## 三、系统流程

本系统流程见图 3-3。

## 四、系统的启动

（1）打开 A、B 空预器热端吹灰进汽手动门，打开 A、B 空预器冷端吹灰进汽手动门。

（2）打开空预器辅助蒸汽进汽阀，吹灰系统疏水阀。

（3）点击空预器顺控，点击“开始”按钮，点击“确认”按钮。

（4）打开空预器火灾报警装置 A、B 冷却水进口门、出口门；打开空预器润滑油站 A、B、C、D 冷却水进口门、出口门。

（5）打开 A 空预器导向轴承、支撑轴承 A 和 B 润滑油泵入口手动门；打开 A 空预器导向轴承、支撑轴承油泵循环手动门；打开 A 空预器导向轴承、支撑轴承油站油位计手

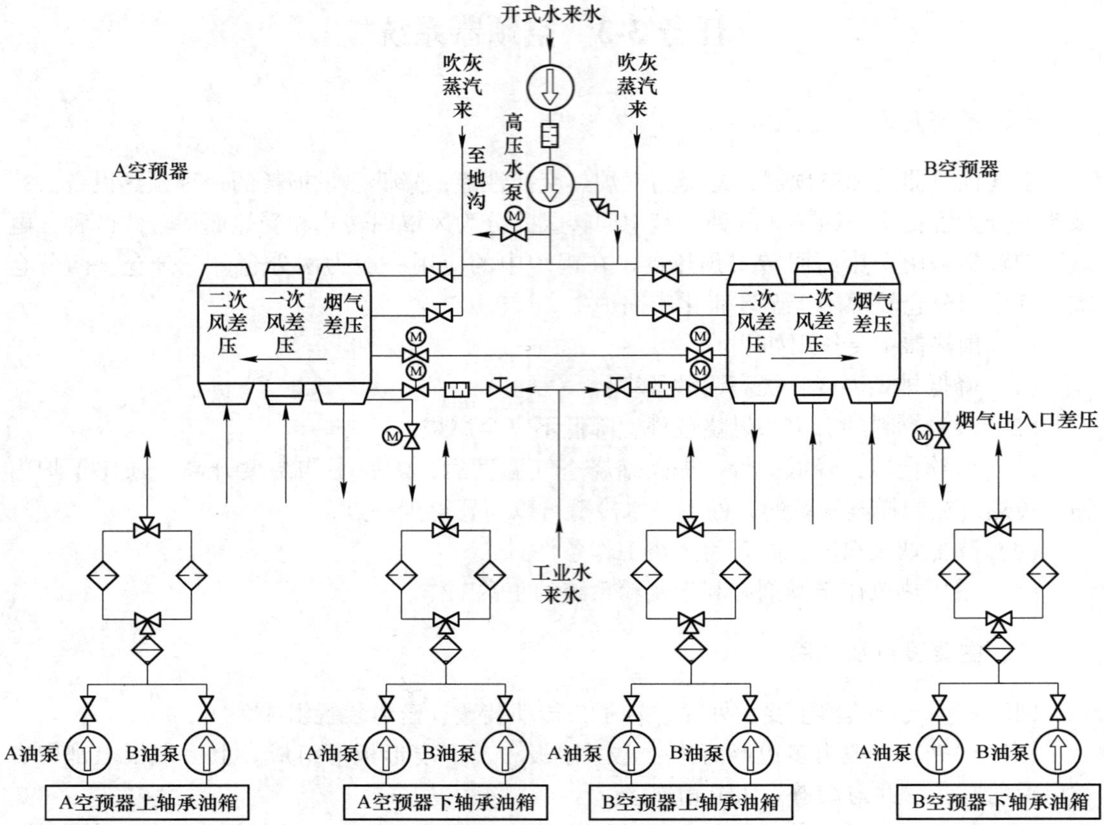


图 3-3　空预器系统图

动门。

(6) 点击 A 空预器上、下轴承 A 油泵，在弹出的油泵操作界面中，点击“启动”按钮，点击“确认”按钮，检查启动按钮变红，油泵启动成功；点击“联锁”按钮投入油泵联锁。

(7) 点击主电机，在弹出的操作界面中点击“启动”按钮，点击“确认”按钮，检查启动按钮变红，电机启动成功。点击“联锁”按钮投入 A 空预器主、辅电机联锁。

(8) 检查联锁打开 A 侧热一次风挡板电动门，打开 A 侧热二次风挡板电动门，打开 A 空预器入口烟气挡板电动门。

(9) 检查空预器正常。

## 五、系统的停运

顺控停止步骤：

(1) 关空预器入口烟气挡板；

(2) 关空预器出口一次风挡板、热二次风挡板；

(3) 退出空预器主、辅电机联锁；

(4) 停空预器。

## 复习思考题

1. 空预器堵灰的现象有（　　）。（多选）
   A. 引风机电流摆动　B. 炉膛负压摆动
   C. 空预器前后压差增大　D. 空预器电流摆动
2. 回转式空气预热器的入口烟温降到（　　）以下停止空气预热器。（单选）
   A. 200 ℃　B. 120 ℃　C. 80 ℃
3. 受热面回转式空气预热器装置的转速为（　　）r/min。（单选）
   A. 10~15　B. 1~2　C. 1~10　D. 1~4
4. 运行中回转式空气预热器的主要问题是（　　）。（单选）
   A. 积灰严重　B. 腐蚀严重　C. 漏风严重　D. 磨损严重
5. 电厂中常见的传热式空气预热器是（　　）。（单选）
   A. 管式空气预热器　B. 蓄热式空气预热器　C. 回转式空气预热器
6. 空气预热器推力及导向轴承温度最高不超（　　）。（单选）
   A. 65 ℃　B. 80 ℃　C. 100 ℃
7. 单侧空气预热器跳闸延时（　　）联跳同侧引、送风机。（单选）
   A. 60 s　B. 120 s　C. 300 s
8. 回转式空预器哪种漏风最大（　　）。（单选）
   A. 周向密封　B. 径向密封　C. 轴向密封
9. 空预器次灰规定冷端（　　），热端（　　）。（单选）
   A. 每班 2 次　15 天一次　B. 每班 2 次　10 天一次
   C. 每班 1 次　15 天一次　D. 每班 1 次　10 天一次
10. 发生空预器着火时应（　　）。（多选）
    A. 立即停止对应侧送、引风机、一次风机运行
    B. 投入空预器蒸汽吹灰，投入气动马达连续运行
    C. 关闭空预器入口烟风挡板、一、二次风出口挡板及一次风机出口挡板、对应的冷风挡板
    D. 开启消防水手动门和冲洗水手动门，开启空预器放灰疏水阀，打开一次风机和送风机出口风道放水门
11. 增强空气预热器的传热效果应该（　　）。（单选）
    A. 增强烟气侧和空气侧的放热系数
    B. 增强烟气侧放热系数、降低空气侧放热系数
    C. 降低烟气侧放热系数、增强空气侧放热系数

# 任务 3-4　引风机系统

## 一、系统介绍

引风机是从锅炉尾部将烟气抽出排入烟囱的风机。为减轻烟气中灰粒对风机的磨损，引风机都布置在除尘器之后。目前，引风机的驱动方式主要有电动机驱动和小汽轮机驱动两种。

## 二、主要设备及作用

设备介绍：引风机、冷却风机

（1）引风机排出炉膛内产生的烟气，并使炉膛内维持一定的负压，克服尾部烟道内的压力损失（包括除尘器），也叫吸风机。引（吸）风机安装在锅炉烟道除尘器和烟囱之间，将烟气吸出炉膛，排入烟囱。引风机功率大于送风机，能够形成炉膛负压。

（2）冷却风机：用于引风机降温，以减少机器运行过程中发热发烫，降低温度，促进工作效率。

## 三、系统流程及主要参数

本系统流程见图 3-4。主要参数有风量、风压、温度等。

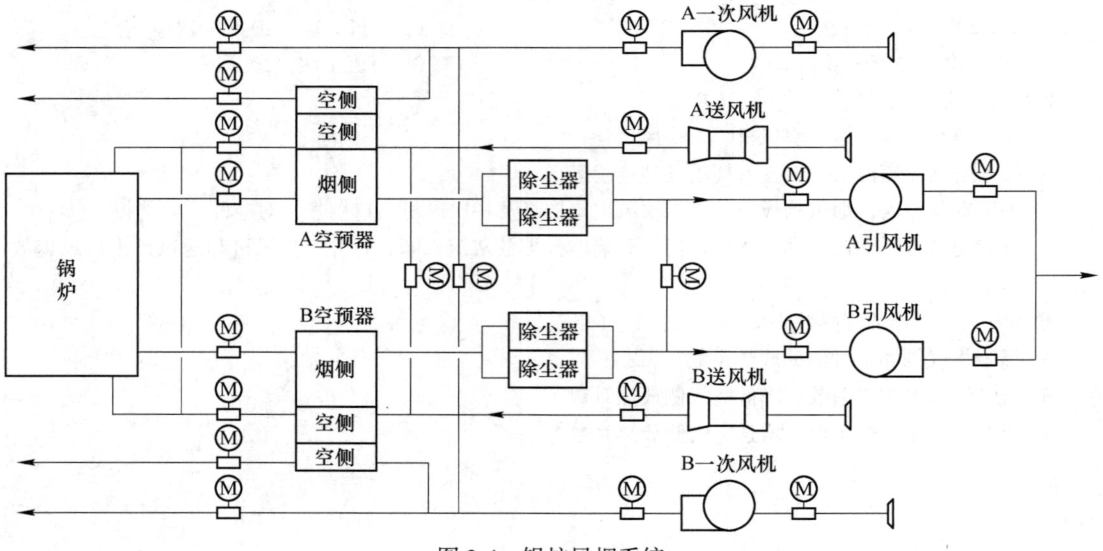


图 3-4　锅炉风烟系统

## 四、系统的启动

（1）点击电动引风机 1 号冷却风机，在弹出的操作界面中，点击“启动”按钮，点击“确认”投入冷却风机运行。点击“联锁”按钮，投入 2 号冷却风机备用。

（2）检查确认 A、B 空预器投运正常。

（3）将电动引风机入口挡板、电动引风机静叶全关。

（4）打开电动引风机出口烟气挡板，A、B 除尘器至电动引风机挡板 A、B。

（5）前、后包墙再热汽温电动调节挡板开度大于 50%。

（6）燃烧器二次风门挡板开度大于 30%。

（7）打开 A 送风机出口挡板，全开 A 送风机动叶。

（8）点击电动引风机，在弹出的操作界面里点击“帮助”按钮，检查电动引风机启动允许条件是否满足。

（9）点击电动引风机，在弹出的操作界面中点击“启动”按钮，点击“确认”，启动电动引风机，检查电动引风机入口挡板联开、风机电流正常。

（10）DCS 引风机监视系统检查轴承振动、轴承温度、电机线圈温度正常。

（11）调整引风机入口静叶开度使炉膛负压在−100 Pa 左右。

## 五、系统的停运

（1）解除电动引风机入口静叶调节挡板自动。

（2）逐渐关小电动引风机入口静叶直至完全关闭，检查运行的其他引风机出力增大，炉膛负压稳定，否则手动调整。

（3）停止电动引风机，检查电动引风机入口挡板、出口挡板自动关闭。

（4）根据情况停运电动引风机轴承冷却风机。

## 六、故障分析及处理

### （一）引风机轴承振动大

1. 原因

（1）地脚螺栓松动或混凝土基础损坏。

（2）轴承损坏、轴弯曲、轴磨损。

（3）联轴器松动或中心偏差大。

（4）叶片磨损或积灰。

（5）叶片损坏或叶片与外壳碰磨。

（6）风道损坏。

2. 处理

（1）根据风机振动情况，加强对风机振动值、轴承温度、风量等参数的监视。

（2）适当降低风机负荷，当风机振动达到跳闸值时，应自动跳闸，若没有自动跳闸，则手动停止风机运行。

（3）尽快查出振动原因，并联系检修人员处理。

### （二）引风机轴承温度高

1. 原因

（1）轴承磨损。

（2）轴承冷却风机发生故障，备用冷却风机不联启。

（3）轴承润滑油脂过少，没有及时补加。

（4）引风机刚加过油脂或油脂过多。

（5）引风机过负荷。

2. 处理

（1）严密监视轴承温度上升情况，同时加强监视引风机风量、振动等参数。

（2）检查轴承冷却风机运行正常，必要时启动第二台轴承冷却风机。

（3）检查轴承润滑油脂加注记录，及时加入润滑油脂。

（4）视温度上升情况，及时降低引风机负荷。

（5）属于机械方面的故障，运行中无法处理时，停止引风机运行并联系检修人员处理。

## 复习思考题

1. 为何在入口挡板开度相同的情况下，引风机在冷态下比热态下电机电流大？
2. 一般来说，引风机启动允许条件有哪些？
3. 控制炉膛负压的意义是什么？

# 任务 3-5　送风机系统

## 一、系统介绍

提供二次风，通过空气预热器后：一部分到燃烧器提供周界风、夹心风等，对喷燃器处的火焰有影响，同时可以冷却喷燃器；另一部分提供锅炉燃烧所需要的氧量；最后还有一部分是提供 SOFA 和 COFA 风，调整燃烧使用。

## 二、主要设备及作用

（1）送风机：将从大气中吸入的空气送入空气预热器，加热到设计温度后，作为锅炉的二次风，直接经燃烧器送入锅炉炉膛。

（2）润滑油站：为送风机各轴承提供润滑油，同时为送风机动叶提供动力。

（3）热风管道：将热风从空预器输送和分配到锅炉的各个风口。

## 三、系统流程及主要参数

送风机油站系统流程见图 3-5。主要参数有电机温度、电流、润滑油温度、二次风量、含氧量等。

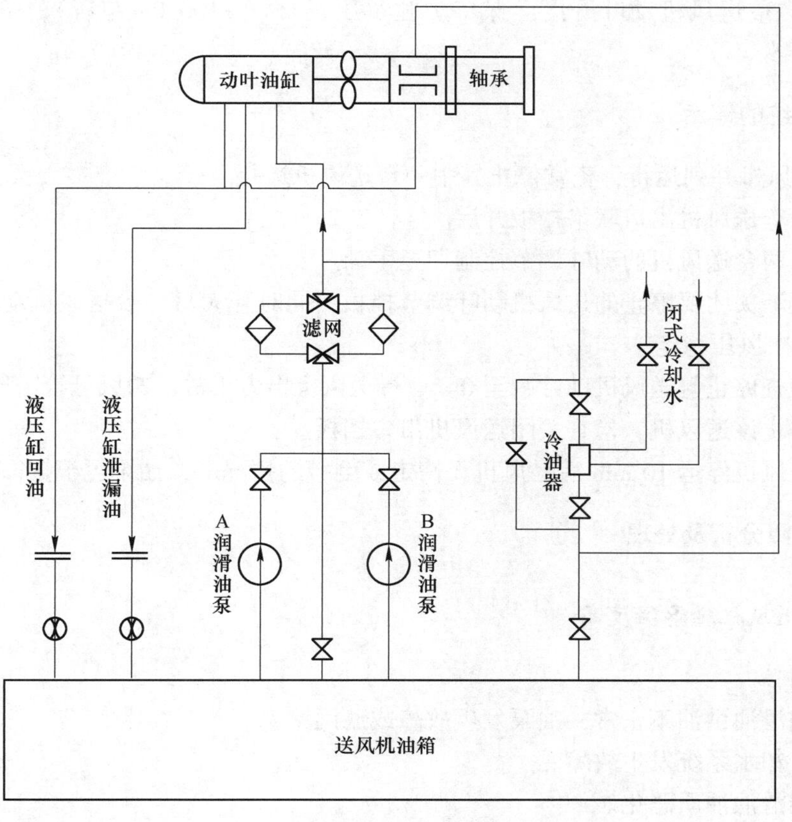


图 3-5　送风机油站系统图

## 四、系统的启动

（1）打开送风机油站冷却水进口门、出口门。

（2）打开送风机油站 A、B 润滑油泵出口手动门，送风机油站冷油器回油总阀，送风机油站冷油器入、出口手动门。

（3）打开送风机油站电加热器，对润滑油进行加热。

（4）点击送风机油站 A 润滑油泵，在弹出的操作界面中点击“启动”按钮，点击“确认”，检查启动按钮变红，油泵启动成功。

（5）点击送风机油泵联锁，投入联锁。

（6）检查确认电动引风机运行正常，送风机出口电动门在关闭状态，送风机动叶在关闭状态。

（7）点击送风机，在操作界面里点击“帮助”按钮，检查送风机的启动条件是否全部满足。

（8）满足启动条件，启动送风机，在弹出的操作界面中点击“启动”按钮，点击“确认”，检查启动按钮变红，则启动成功。

（9）DCS 送风机油站检查送风机轴承振动、轴承温度、电机线圈温度正常。

（10）启动电流正常后，检查送风机出口挡板联开。

（11）调整送风机动叶开度，保持炉膛负压正常（-100 Pa 左右），炉膛风量大致 750 t/h。

## 五、系统的停运

两台送风机并列运行，正常停止其中一台送风机运行。

（1）检查送风机出口联络挡板开启。

（2）将两台送风机的动叶调节控制切至手动。

（3）逐渐关闭要停止的送风机动叶调节挡板，同时开大另一台送风机动叶调节挡板，注意保持二次风压稳定。

（4）检查停止侧送风机动叶减至 0，运行送风机出力正常，送风母管风压正常。

（5）停止该送风机，检查关闭送风机出口挡板。

（6）送风机停运 10 min 后，风机无惰走或倒转的情况下，油泵可根据需要停止运行。

## 六、故障分析及处理

### （一）送风机轴承温度高

1. 原因

（1）润滑油供油不正常，油泵发生故障或滤网堵塞。

（2）冷却水系统发生故障。

（3）润滑油油质恶化。

（4）轴承损坏。

（5）轴承振动大。

（6）送风机过负荷。

2. 处理

（1）根据风机轴承温度情况，加强对风机振动、轴承温度、风压、风量及电机电流等参数的监视。

（2）就地检查风机油系统运行是否正常，尽快查出原因，必要时联系检修人员处理。

（3）视轴承温度上升情况，及时降低送风机的负荷。

（4）若由于振动大引起轴承温度高，应尽快查出原因，消除振动。

（5）当轴承温度大于 95 ℃时，应自动跳闸，若没有自动跳闸，应立即手动停止风机运行。

（二）送风机跳闸

1. 现象

（1）DCS 出现“A（或 B）送风机跳闸”报警，机组如在 TF 方式且 RB 投入的情况下将出现“RUNBACK”等报警。

（2）跳闸送风机电流回零。

（3）送风机出口风压降低，送风量减小。

（4）查同侧引风机跳闸。

（5）锅炉汽温、汽压下降。

（6）炉膛负压大幅度晃动。

（7）负荷快速降低。

（8）两台送风机发生故障跳闸，锅炉 MFT 动作紧急停止锅炉运行。

2. 原因

（1）送风机电气回路发生故障。

（2）送风机保护动作跳闸。

（3）引风机跳闸，联锁送风机跳闸。

（4）人为触碰送风机事故按钮。

3. 处理

（1）送风机跳闸不允许强合闸。

（2）若 RB 动作，则自动进行切磨、投油、减负荷操作。

（3）若 RB 未动作，则手动及时投入油枪稳定锅炉燃烧、减负荷。

（4）若机组仍在协调方式，将机组主控切至 TF 方式或基本方式。

（5）在减负荷过程中，注意分离器出口过热度及汽温汽压的变化，及时调整主给水量，防止汽温突降。

（6）确认炉膛负压控制在自动状态，否则调整后重投自动。

（7）确认运行侧送风机出力自动增加，风量、氧量正常，但应防止过负荷。

（8）因负荷剧降，应注意汽轮机轴封压力及各加热器水位。

（9）查明原因，故障消除后恢复其运行。

## 复习思考题

1. 送风机出口联络门的作用是什么？
2. 送风机油箱油温正常为多少？
3. 送风机跳闸条件是什么？

# 任务 3-6　燃 油 系 统

## 一、系统介绍

燃油系统的主要作用是大型燃煤锅炉在启停和非正常运行的过程中，用来点燃着火点相对较高的煤。在低负荷或燃用劣质煤时造成锅炉的燃烧不稳，会直接影响整个机组的稳定运行，这时也会利用燃油进行助燃，使锅炉的燃烧得到稳定。

## 二、主要设备及作用

(1) 储油罐：储存燃料油。
(2) 过滤器：过滤掉燃料油中的杂质，以保证油嘴不堵，雾化良好。
(3) 供油泵：向锅炉提供燃料，并保持一定的雾化油压。
(4) 油加热器：将燃料油加热到一定的温度保证锅炉燃烧。
(5) 流量计：统计燃油使用量。

## 三、系统流程及主要参数

本系统流程见图 3-6。
燃油压力：保持稳定压力，以满足燃油泄漏试验以及油枪的稳定燃烧。

## 四、系统的启动

### (一) 燃油系统启动前检查

(1) 燃油系统的所有检修工作已完毕，工作票已收回，安全措施拆除。
(2) 恢复系统至备用状态。
(3) 燃油系统各热工仪表指示正确，各仪表电源投入正常。
(4) 油燃烧器各控制柜控制电源正常。
(5) 确认 0 号轻柴油油质合格、储油罐的油位正常。供油泵启动后自循环正常。
(6) 确认燃油系统中各个管道滤网清洁、无堵塞现象。
(7) 确认各个管道和设备备用状况良好，电磁阀、调节阀试验动作正常。
(8) 确认燃油系统各个手动阀位置正确，调节阀、跳闸阀都处于启动。
(9) 确认压缩空气系统投入正常。
(10) 吹扫用压缩空气压力正常。吹扫用辅助蒸汽暖管后投入，温度压力合格。
(11) 确认火焰检测系统投入正常。
(12) 确认火检冷却风系统投入正常。

### (二) 建立油循环

(1) 打开 A、B 储油罐至出油母管一次门、二次门，打开再循环油母管至 A、B 储油罐一次门、二次门。

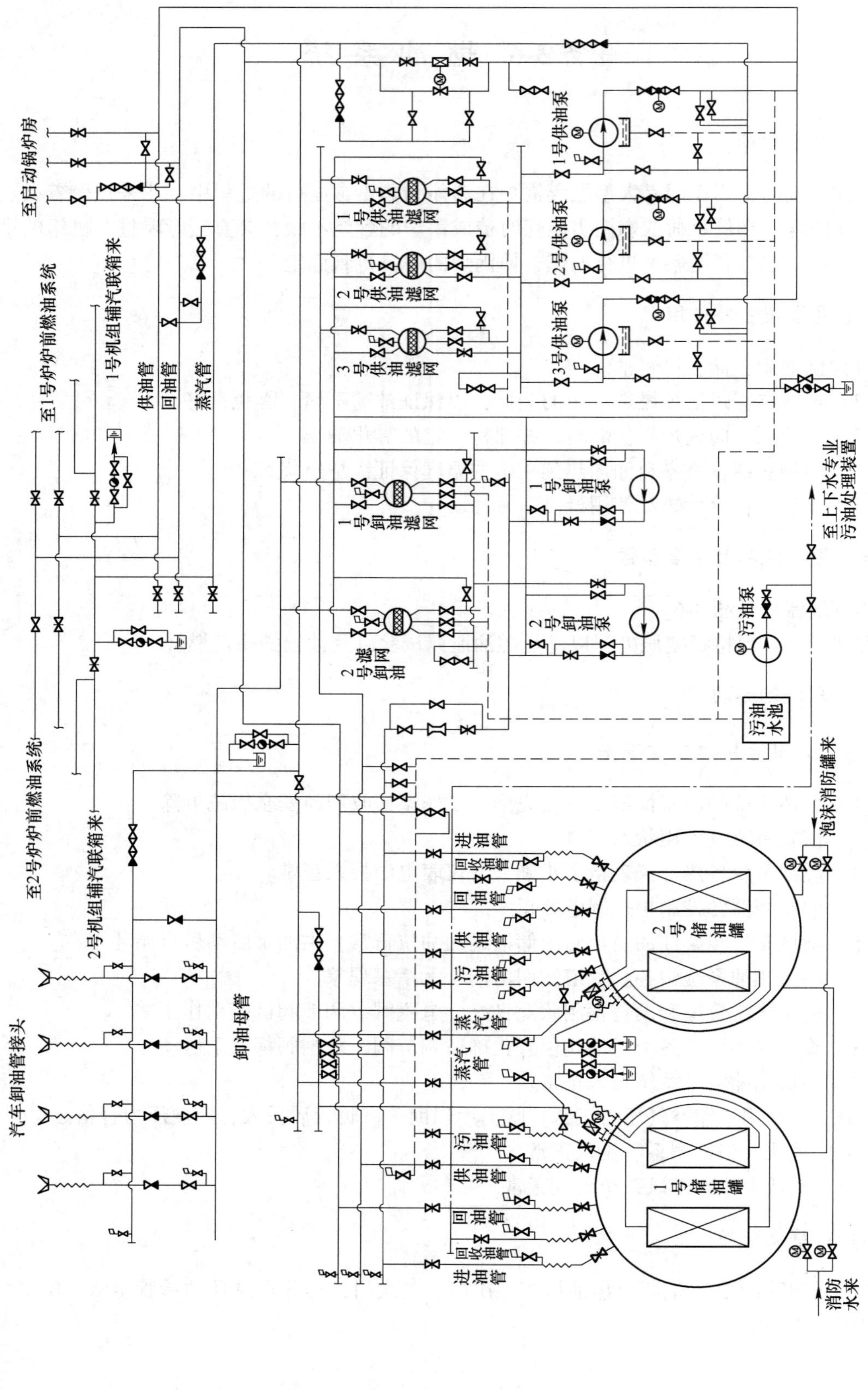
至启动锅炉房
至1号炉炉前燃油系统
1号机组辅汽联箱来
供油管
回油管
蒸汽管
至2号炉炉前燃油系统
2号机组辅汽联箱来
汽车卸油管接头
卸油母管
1号供油滤网
2号供油滤网
3号供油滤网
1号供油泵
2号供油泵
3号供油泵
1号卸油滤网
2号卸油滤网
1号卸油泵
2号卸油泵
污油泵
污油水池
至上下水专业污油处理装置
泡沫消防罐来
消防水来
进油管
回收油管
回油管
供油管
污油管
蒸汽管
1号储油罐
2号储油罐

图 3-6　燃油点火系统图

(2) 打开供油泵1号、2号、3号滤油器入、出口隔离阀，打开1号、2号、3号供油泵入、出口手动隔离阀。

(3) 打开1号燃油供油滤网前、后手动门，2号燃油供油滤网前、后手动门，燃油供油流量计前、后手动门，燃油供油快关阀后手动门，燃油回油流量计前、后手动门，燃油回油调节阀前、后手动门，燃油回油快关阀后手动门，燃油供油母管储能器进口门，燃油供油母管储能器压力表手动门。

(4) 点击1号、2号、3号供油泵，在弹出的操作界面中，点击“帮助”，检查1号、2号、3号供油泵启动条件满足。点击“启动”，点击“确认”，检查“启动”按钮变红启动成功，打开1号、2号、3号供油泵出口门。

(5) 调节1号、2号、3号供油泵电机变频器频率到45 Hz左右（供油压力大于3.1 MPa），供油压力调阀投自动压力设定为3.6 MPa左右。

## 五、故障分析及处理

### （一）油角阀内漏

1. 现象

(1) 燃油流量不正常地增加。

(2) 泄漏的油角阀处可能有火检显示或火检强度增强。

(3) 油库油位下降。

(4) 炉膛可能发生爆燃或尾部烟道二次燃烧。

2. 原因

(1) 油角阀长期开关。

(2) 油角阀生产工艺不合格。

3. 处理

(1) 关闭油角阀前手动门。

(2) 联系检修人员处理。

4. 预防措施

(1) 定期校验燃油系统进回油母管流量计，保证流量计准确。

(2) 定期检查燃油系统进回油母管流量计的变化，以检测油角阀是否泄漏。

(3) 每班统计油库油位。

(4) 定期进行油泄漏试验。

### （二）燃油系统油管破裂

1. 现象

(1) 燃油流量不正常地增加。

(2) 油管破裂处向外漏油。

(3) 泄漏严重时进油压力下降。

2. 原因

(1) 油枪软管材质不良或制造工艺不合格。

（2）焊接质量不良或安装质量不合格。

（3）油压波动剧烈。

（4）运行时间过长，材料强度降低。

3. 处理

（1）油枪软管破裂时应立即将其停用，关闭油角阀前手动门。

（2）燃油系统管道破裂，应立即隔离泄漏点，必要时停运燃油泵。

（3）尽快清理积油，防止积油流向高温管道。

（4）做好防火措施。

（5）联系检修人员处理。

（6）若已引起火灾，应立即组织人员扑救并联系消防人员。

## 复习思考题

燃油的物理特性包括（　　）。(多选)

A. 黏度　　B. 凝固点　　C. 着火点　　D. 相对密度

# 任务 3-7　炉膛吹扫及燃油泄漏试验

## 一、系统介绍

锅炉点火前，必须进行炉膛吹扫，这是锅炉防爆规程中基本的防爆保护措施。在锅炉对流烟井、烟道和将烟气送至烟囱的引风机等处均有可能积聚过量的可燃物，当这种可燃物与适当比例空气混合，遇到点火源时，即可能引燃而导致炉膛爆炸。炉膛吹扫的目的是将炉膛内的残留可燃物质清除掉，以防止锅炉点火时发生爆燃。

燃油泄漏试验主要是对锅炉的燃油管道、阀门、管道上的流量计和一些附带承压部件的压力试验。其主要目的是检验锅炉油系统的承压性能和严密性，保证油路的可靠工作。

## 二、主要设备

主要设备有油罐、过滤器、油泵、油加热器、引风机、送风机等。

## 三、炉膛吹扫与燃油泄漏试验允许条件

### （一）炉膛吹扫条件

（1）MFT 置位。
（2）无 MFT 条件存在。
（3）任一空预器运行。
（4）任一送风机运行且挡板打开允许吹扫。
（5）任一引风机运行且挡板打开允许吹扫。
（6）所有一次风机停运。
（7）所有磨煤机停运。
（8）所有磨煤机出口挡板全关。
（9）所有给煤机停运。
（10）燃油进油快关阀、油泄漏试验阀关。
（11）燃油回油快关阀关。
（12）所有油角阀关闭。
（13）所有火检无火。
（14）燃油泄漏试验完成或旁路。

### （二）燃油泄漏试验条件

（1）供油母管压力正常。
（2）进油快关阀关闭。
（3）回油快关阀关闭。
（4）所有油角阀关（含微油）。
（5）MFT 已动作。
（6）燃油泄漏试验未旁路。

（7）风量大于 30%BMCR。

## 四、系统的启动

### （一）炉膛吹扫过程

（1）点击“燃油泄漏试验”窗口，点击“试验旁路”。
（2）检查二次风量在 650～1500 t/h，二次风挡板开度大于 50%，烟气挡板大于 50%，燃尽风挡板大于 50%。
（3）检查吹扫条件都满足。
（4）点击“吹扫启动”按钮，吹扫进行灯亮，吹扫时间 300 s。
（5）吹扫完成后 MFT 自动复位，点击“OFT”复位燃油跳闸信号。

### （二）燃油泄漏试验过程

（1）开燃油泄漏试验阀、回油调节阀，进行充油，燃油试验阀开到位，回油调节阀开度大于 80%，1 min 后检查燃油压力大于 3.0 MPa，充油成功。
（2）关燃油泄漏试验阀，泄漏试验阀关到位，3 min 内燃油母管压力不小于 2.7 MPa。
（3）开回油快关阀，1 min 内检查燃油压力小于 1.0 MPa。
（4）关回油快关阀，回油快关阀关到位，3 min 内燃油母管压力不大于 1.3 MPa。
（5）燃油泄漏试验完成。

## 复习思考题

1. 炉膛吹扫在什么情况下进行？
2. 燃油系统泄漏试验的目的是什么？

# 任务 3-8　微油点火系统

## 一、系统介绍

微油点火是一种煤粉锅炉节油技术，节油率可达 90%以上，可以实现冷炉直接点火，低负荷稳燃，在锅炉点火后即可以投用电除尘，环保效益好。微油点火系统可靠性高，投资成本低，对煤质、操作参数（如风速、煤粉浓度等）变化适应性强。

## 二、主要设备及作用

（1）微油助燃风手动门：起助燃作用，将燃料的燃烧速度加快，更好转换能量。

（2）小油枪供油手动门：将燃料有效地传送出去，起到节能作用，不浪费。

## 三、系统流程及主要参数

本系统流程见图 3-7。

（1）微油点火器壁温：防止烧坏点火器。

（2）油系统仪用气压力：足够的气压保证点火器用气及气动门正常开闭。

（3）累计微油供油流量：统计微油点火耗油量。

（4）供油压力：保障油枪稳定燃烧，要提供一定压力且稳定的燃油。

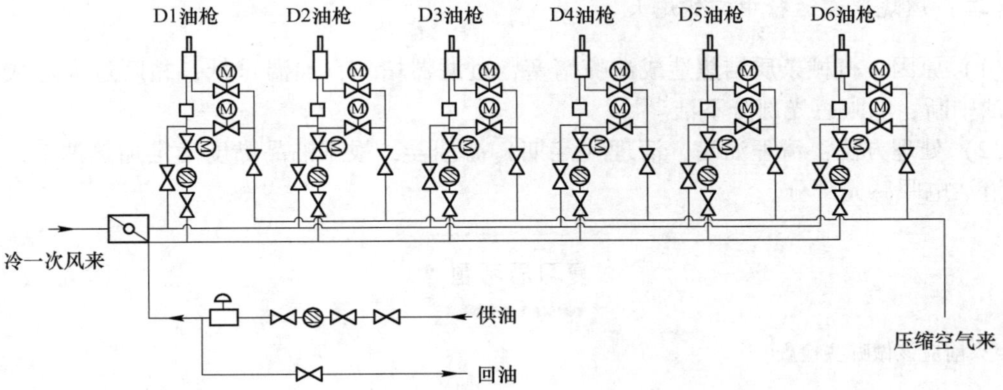


图 3-7　微油点火系统图

## 四、系统的启动

（1）打开微油供油流量计进、出口门，打开微油供油滤网出口门。

（2）打开微油助燃风手动总门。

（3）打开 D1 油枪供油手动门，压缩空气至 D1 油枪吹扫手动门，压缩空气至 D1 油枪总手动门。按照同样的方法打开 D2～D6 各手动门。

（4）调节少油压力调节阀至压力 1.1 MPa 以上（要求压力大于 0.8 MPa）。

（5）检查少油点火条件是否都满足。

（6）如果油枪未吹扫，需点击面板“吹扫”进行油组吹扫，吹扫完成显示油枪已吹扫。

（7）点击 D1，在弹出的操作界面中点击“启动帮助”，检查启动条件都允许，无跳闸条件，点击“启动”按钮，当观察到燃烧器出口有明显的火焰，则表明点火成功。按照相同的步骤投运剩下的 5 支油枪。

## 五、微油点火系统的停运

油燃烧器正常停运（OFT 动作，停指令来，手动停运）：

（1）关油角阀；

（2）点火枪激励 25 s 后退点火枪，激励同时开吹扫阀；

（3）延时 60 s，关吹扫阀，置油枪已吹扫；

（4）退油枪。

## 六、故障分析及处理

### （一）炉膛点火后爆燃

（1）原因：炉膛内存有大量的可燃物质，油气点火几次后，炉膛内存有大量油气，再重新点火会发生猛烈燃烧，体积急剧膨胀。

（2）处理方法：重新点火之前，必须对炉内进行通风吹扫 5 min。

### （二）燃烧器在运行中突然熄火

（1）原因：机械杂质结焦造成油嘴堵塞，过滤器堵塞；油温过低，黏度过大造成油泵供油中断；电眼感光部分不洁。

（2）处理方法：清理油嘴，清理（定期）滤油器，根据油品黏度确定加热油上、下限，清洁电眼感光部分。

## 复习思考题

锅炉点火前应该做哪些检查？

# 任务 3-9　一次风机的启动

## 一、系统介绍

为锅炉提供一定压力和流量的一次风，将煤粉干燥并送入燃烧器，同时为密封风提供风源。一次风分为冷一次风、热一次风。热一次风通过空气预热器加热后，与冷一次风混合调节出合适的温度送入磨煤机对煤粉进行干燥。

## 二、主要设备及作用

(1) 一次风机：将从大气中吸入的空气提升压力后送入一次风系统。
(2) 润滑油站：为一次风机各轴承提供润滑油，同时为一次风机动叶提供动力。
(3) 热风管道：是将热风从空预器输送和分配到锅炉的各个磨煤机。

## 三、系统流程及主要参数

本系统润滑油流程见图 3-8。

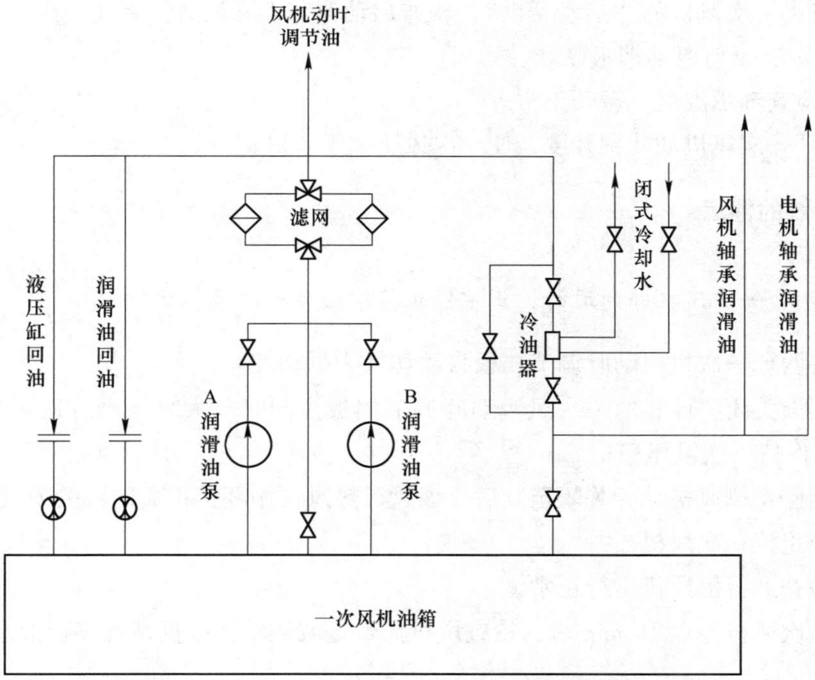


图 3-8　一次风机润滑油系统图

(1) 一次风压：监视好一次风压可保证合适的一次风流速和风粉浓度，为密封风机提供可靠的风源。

(2) 热一次风温度：维持热一次风温度，为煤粉干燥提供合适温度的一次风，如果温度降低，煤粉不能完全干燥将可能会堵住煤粉管，造成锅炉燃料中断。

（3）一次风量：风量的大小会影响风速，太大会造成煤粉速度太快影响燃烧稳定，太小影响煤粉的输送甚至堵塞。

## 四、系统的启动

（1）打开一次风机轴承及调节油站冷却水进、出口门。

（2）打开一次风机油站 A、B 油泵出口手动门，一次风机油站冷油器前、后手动门，一次风机油站润滑油回流阀。

（3）检查一次风机油箱油温（25～35 ℃），视情况投入电加热装置。

（4）点击 1 号油泵，点击“启动”“确认”，检查确认启动按钮变红，油泵启动成功。投入 B 油泵联锁。

（5）检查一次风机动叶调节阀开度为“0”，关闭一次风机出口风门 1DP、2DP。

（6）开启一次风机至磨煤机冷风门。

（7）打开 1 号、2 号、3 号、4 号、5 号、6 号粉管手动插板。

（8）点击“同操打开”按钮（开启 D 磨煤机出口至 D1～D6 燃烧器关断阀），打开 D 磨煤机冷风关断气动执行机构，开启 D 磨煤机冷风调节挡板，开度大于 50%。

（9）点击一次风机的“启动帮助”，检查启动调节都满足后，启动一次风机，检查一次风机启动后，出口电动挡板联开。

（10）检查轴承温度，振动正常。

（11）开一次风机动叶调开度，使一次风压大于 8 kPa。

## 五、系统的停运

### （一）两台一次风机并列运行，正常停止其中一台一次风机运行

（1）将两台一次风机动叶调节挡板自动切换为手动控制。

（2）逐渐关闭要停止的一次风机动叶调节挡板，同时开大另一台一次风机动叶调节挡板，注意保持一次风压稳定。

（3）当停止侧风机动叶关闭至 0 后，该风机热风再循环挡板关闭，关闭其出口挡板。

（4）停止该一次风机。

（5）检查运行侧风机运行正常。

（6）一次风机停运 10 min 后，检查风机无惰走或倒转，根据情况停运油站油泵。

### （二）单台一次风机的正常停止

（1）最后一台一次风机只有在所有的磨煤机停止运行后才能停止。

（2）解除一次风机动叶调节挡板自动，逐渐关闭该一次风机动叶调节挡板。

（3）停止该一次风机运行，检查一次风机出口挡板自动关闭。

（4）一次风机停运 10 min 后，方可停运油站油泵。

## 六、故障分析及处理

### （一）一次风机轴承温度高

1. 原因

（1）润滑油供油不正常，油泵发生故障或滤网堵塞。

（2）风机润滑油站冷却水系统发生故障。

（3）风机润滑油站电加热自动失灵，油箱温度过高。

（4）润滑油油质恶化。

（5）轴承损坏。

（6）轴承振动大。

（7）一次风机过负荷。

2. 处理

（1）根据风机轴承温度情况，加强对轴承温度、电机电流、风压、风量等参数的监视。

（2）就地检查油系统是否正常，尽快查出原因，必要时联系检修人员处理。

（3）视轴承温度上升情况，及时降低一次风机的负荷。

（4）如由于振动大引起轴承温度高，应尽快查出原因，消除振动。

（5）当轴承温度高于 95 ℃时，应自动跳闸，否则立即手动停止风机运行。

### （二）单侧一次风机故障跳闸

1. 现象

（1）故障一次风机电流到零，“炉侧重要辅机跳闸”“一次风母管压力低”光字牌报警。

（2）上层磨煤机自上而下依次跳闸。

（3）炉膛负压增大，燃烧不稳。

（4）总风量下降。

2. 处理

（1）磨煤机从上至下相继跳闸，直到一次风压恢复正常。及时投入相应油层，稳定燃烧。负荷降到 180 MW 以下。负荷过低时应及时启动电泵维持汽包水位。通知除灰值班员。

（2）确认跳闸一次风机出口挡板关严，调整另一台风机出力，注意不要过负荷跳闸，维持一次风压正常。检查跳闸磨煤机冷热风门关闭。

（3）监视汽包水位、汽温、炉膛负压、风量、排烟温度等参数，必要时做出手动调整。

（4）密切监视烟风道各测点温度，发现两侧烟温偏差过大时，可适当调整两送/引风机负荷，防止出现再燃烧。

（三）风机失速

1. 现象

（1）炉膛负压波动，燃烧不稳。

（2）失速风机电流下降至空载电流，动叶开大至 100%。另一台风机电流上升，动叶开度增大。

2. 处理

（1）减小失速风机动叶，适当减小另一台风机出力，防止过负荷跳闸。待失速风机重新出力后（电流上升），及时并入运行。恢复机组正常负荷。

（2）事故处理中应严密监视汽包水位、汽温、炉膛负压、风量等参数，必要时做出手动调整。

## 复习思考题

一次风机油箱油温正常为多少？

# 任务3-10 制 粉 系 统

## 一、系统介绍

火电厂大型燃煤锅炉机组一般采用煤粉燃烧方式。这种燃烧方式适用于大的锅炉容量，具有较高的燃烧效率、较广的煤种适应性以及较迅速的负荷响应性。制粉系统的任务就是将原煤进行磨碎、干燥，成为具有一定细度和水分的煤粉，并把锅炉燃烧所需要的煤粉送入炉内进行燃烧。

制粉系统从系统风压方面可分为正压式和负压式；从工作流程方面又可分为直吹式和中间储仓式。所谓直吹式制粉系统，就是原煤经过磨煤机磨成煤粉后直接吹入炉膛进行燃烧；而中间储仓式制粉系统是将制备出的煤粉先储存在煤粉仓中，然后根据锅炉负荷需要，再从煤粉仓取出经给粉机送入炉膛燃烧。直吹式制粉系统制备出的煤粉一般是被具有一定风压的一次风吹至炉膛，系统处于正压状态，所以直吹式制粉系统一般属于正压式制粉系统；而在中间储仓式制粉系统中制备出的煤粉一般是由排粉风机抽出，系统处于负压状态，所以中间储仓式制粉系统一般属于负压式制粉系统。

随着火电建设和电力工业技术的发展，600 MW 的锅炉所配用的制粉系统几乎都是冷一次风机正压直吹式制粉系统，配置双进双出筒式钢球磨煤机。

## 二、主要设备及作用

（1）给煤机：将原煤按照一定的流量、均匀地、连续地运往磨煤机或锅炉内的一种设备，给煤机运输煤的量是均匀的、一定量的。而其他的（例如人工铲煤、皮带运输之类）运输方式都不能均匀地为磨煤机、锅炉提供煤，而且被运送的煤量是未知的。给煤机则可以连续、准确地给煤，而且煤量可知。

（2）旋转分离器：磨煤机旋转分离器的作用是把磨煤机磨出的煤粉按粗细进行分离。煤粉气流经折向门后在内锥体内旋转，在离心力的作用下粗粉被甩出沿内锥体外壁返回磨煤机内继续进行磨制。通过改变折向门的角度可以改变内锥体旋转气流的强度，达到调节煤粉细度的目的。

（3）磨煤机：物料从下料口落入磨盘中间，利用离心力，物料从中间向边缘移动，在向边缘移动的过程中，经过磨盘上的环形槽时，受到磨辊的碾压而粉碎，被粉碎的物料继续向磨盘边缘移动，直到被风环处的气流带走，而大颗物料又掉落到磨盘上继续粉碎。

（4）磨煤机润滑油站：用于润滑减速机中的齿轮和轴承，起到润滑、冷却和清洗的作用。

## 三、系统流程及主要参数

（1）磨煤机电机电流：在磨煤机启动及运行时，关注电流在正常范围内，如果电流异常升高，可能是磨煤机堵煤等故障引起。

（2）磨煤机润滑油压力：压力太高可能是油路未导通，压力太低则是润滑油系统泄漏、过滤器堵塞、润滑油黏度高或润滑油温度高引起。

（3）磨煤机出口风粉混合物温度：温度保持在 90 ℃左右，启动前用来暖磨，正常运行中温度变低可能是空预器发生故障或给煤太湿；温度突然升高可能是内部发生自燃或给煤机堵塞。

（4）给煤机给煤量：根据机组负荷随时调整给煤量大小，给煤量突然减小可能是落煤管堵塞。

（5）磨煤机润滑油站回油温度：回油温度持续升高要及时检查冷却水是否正常。

本系统流程见图 3-9。

## 四、系统的启动

（1）建立正常一次风压和密封风压。

（2）打开磨煤机冷风隔离门和出口门，检查燃烧器冷却风门联动关闭，打开磨煤机密封风门，使密封风压与一次风压差值为 96 kPa。

（3）如果磨煤机跳闸后启动，为防止爆燃，以及对炉膛负压的影响，先开冷风门吹扫 10 min 以上后再转动磨煤机。

（4）投一次风，打开冷热风隔绝门，调整一次风压大于 1.6 kPa，吹扫磨煤机 5~10 min。

（5）调整冷热风门，暖磨至磨煤机出口温度 65~80 ℃。

（6）启动磨煤机，启动动态分离器。

（7）暖磨温度至 65 ℃以上，开启给煤机进口闸板，启动给煤机，将给煤机调到 30 t/h，观察煤火检正常。

（8）磨煤机启动事故跳闸后再启动前，必须进行至少 10 min 通风吹扫后，方可启动给煤机。

## 五、系统的停运

（1）投对应的点火油，停止给煤机。

（2）关热风调节挡板至 15%，冷风调节挡板全开。

（3）关热风调节挡板及热风关断门，停运磨煤机。

（4）关冷风调节挡板、冷风关断门。

（5）冷风关断门关到位，关磨煤机、给煤机密封风门。

（6）磨煤机、给煤机密封风门关到位，关磨煤机出口一次风门。

（7）停旋转分离器。

## 六、故障分析及处理

### （一）磨煤机的振幅较大

磨煤机在工作中不断磨煤，振幅不断，可能会使地脚螺丝松动，从而导致振幅增大及声音的加剧，影响生产。针对这种现象，可以在主要设备的每个地脚螺丝多加一个螺母，以防其容易松动。

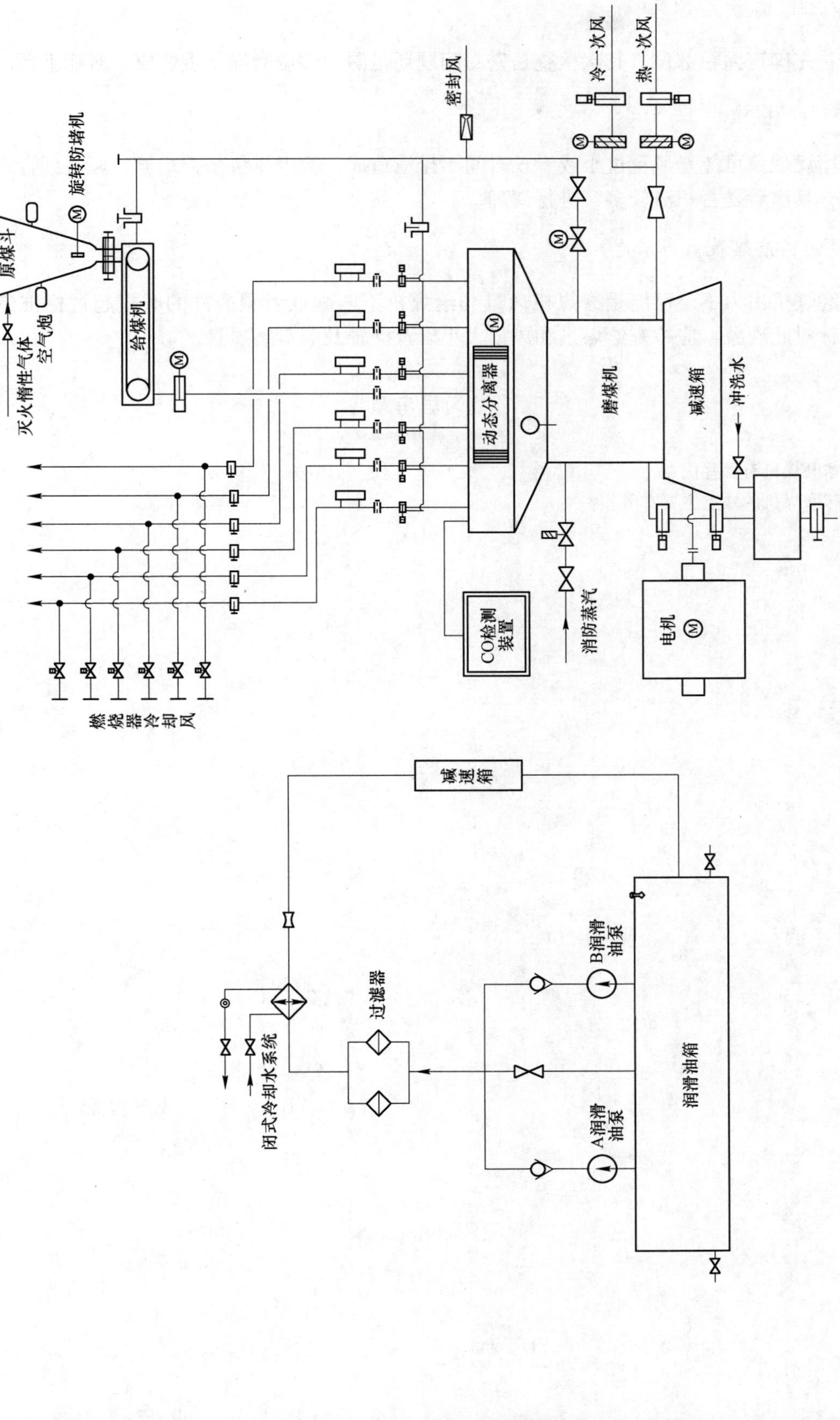
原煤斗
旋转防堵机
空气炮
灭火惰性气体
给煤机
密封风
冷一次风
热一次风
动态分离器
磨煤机
减速箱
冲洗水
CO检测装置
消防蒸汽
电机
燃烧器冷却风
减速箱
过滤器
闭式冷却水系统
B润滑油泵
A润滑油泵
润滑油箱

图 3-9　磨煤机系统图

### （二）漏粉

首先确定漏粉部位，其次检查是密封问题还是漏粉部位磨损严重造成，对症下药。

### （三）堵煤

堵煤现象可能是风量过小或者长时间不排渣造成，检查风量是否足够，调整到合适的风量，其次看是否积渣较多，进行清理。

### （四）磨煤机出力不足

磨煤机出力不足可能是磨煤机风量和给煤机不匹配或者碾磨件的磨损超过标准造成的，针对此现象，应检查给煤量和风量大小以及磨辊及磨盘磨损量。

## 复习思考题

1. 钢球磨煤机有哪些优点？
2. 钢球磨煤机的缺点主要有哪些？

# 任务 3-11　过热及再热蒸汽系统

## 一、系统介绍

过热器和再热器是锅炉受热面的重要组成部分，过热器的作用是将饱和蒸汽加热成具有一定温度的过热蒸汽的部件，再热器是将汽轮机高压缸的排气加热成具有一定温度的再热蒸汽的部件。

从电厂热力循环看，提高蒸汽的初参数（压力和温度），即可提高电厂循环热效率。随着蒸汽压力的提高，要求相应提高蒸汽温度。否则在汽轮机末级叶片的蒸汽湿度会过高，影响汽轮机的工作安全性。过热蒸汽温度的提高，对过热器金属材质的要求也随之提高。受合金钢材高温强度的限制，目前绝大部分电厂锅炉的过热汽温仍保持在 540～555 ℃，若采用更高的温度，则经济上是不合理的。当过热蒸汽的压力达到超高压及以上压力时，540～555 ℃的过热蒸汽温度已不能保证膨胀终点的蒸汽温度在允许的范围内，为避免汽轮机末级叶片温度过低，超高压及以上的压力机组都采用了中间再热系统。

再热器的作用是将汽轮机高压缸的排汽加热到与过热蒸汽温度相等（或相近）的再热温度，然后再送到中压缸及低压缸中膨胀做功，以提高汽轮机末级叶片蒸汽的干度。一般再热蒸汽压力为过热蒸汽压力的 20%～25%。采用蒸汽再热后，不但能将汽轮机末级蒸汽温度控制在允许的范围内，而且能进一步提高机组的循环热效率。一般采用一次再热系统可使电厂热效率提高约 4%～6%。我国 125 MW 以上的机组都采用一次中间再热系统。二次再热可使循环热效率再提高约 2%，但系统复杂。

## 二、主要设备及作用

（1）过热器系统按蒸汽流程分为顶棚过热器、包墙过热器（含中隔墙过热器）、吊挂管过热器、低温过热器、屏式过热器及高温过热器。按烟气流程依次为：屏式过热器、高温过热器、低温过热器。将汽包来的干饱和蒸汽进一步加热使之成为过热蒸汽。同时降低烟气温度，回收烟气中的热量，提高锅炉效率。

（2）再热器系统由墙式再热器、屏式再热器、高温再热器组成。将再热式汽轮机高压缸排出的蒸汽加热成具有一定温度的再热蒸汽，以提高其做功能力，然后再送往汽轮机中低压缸做功。

（3）减温器：通过向过热蒸汽或再热蒸汽中喷入高温给水，调节过热器和再热器的出口温度。

## 三、系统流程及主要参数

本系统流程见图 3-10。主要参数有过热蒸汽温度、过热蒸汽压力、再热蒸汽温度、再热蒸汽压力等。

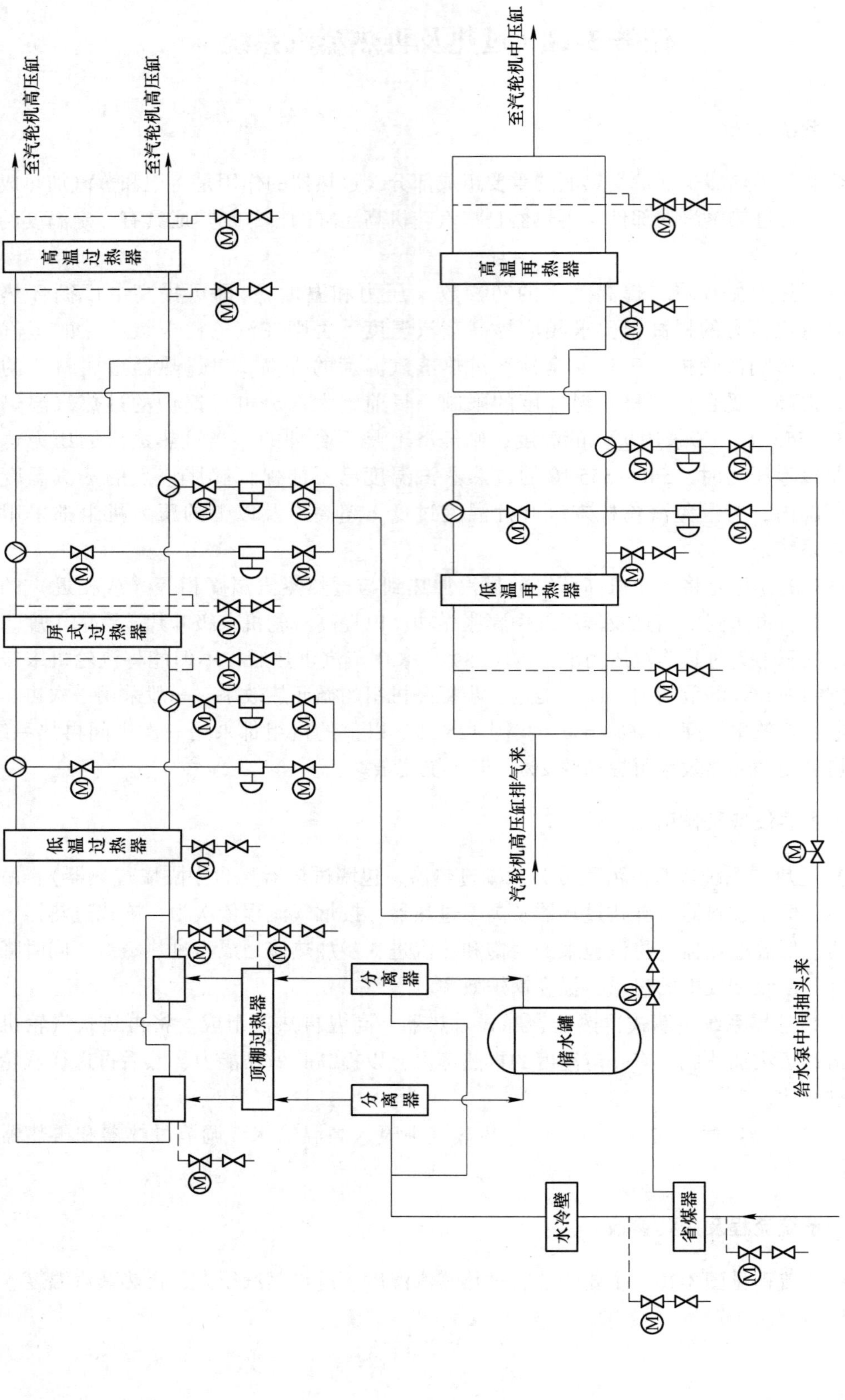


图3-10　过热及再热蒸汽系统图

## 四、系统的启动

### （一）升温升压过程

（1）确认打开包墙出口联箱放气一、二次门，屏式过热器出口放气一、二次门，低温过热器出口放气一、二次门，高温过热器出口放气一、二次门。

（2）确认打开低温再热器出口放空气一、二次门，高温再热器出口放空气一、二次门。

（3）确认打开低温再热器进口管道疏水手动门，低温再热器出口管道疏水手动门，高温再热器入口集箱疏水手动门，高温再热器出口集箱疏水手动门。

（4）确认打开前、侧包墙出口集箱疏水手动门，后、侧包墙出口集箱疏水手动门，低温过热器进口集箱疏水手动门，屏式过热器进口管道疏水手动门，屏式过热器出口管道疏水手动门，高温过热器进口管道疏水手动门，高温过热器出口管道疏水手动门。

（5）确认打开前、侧包墙出口集箱疏水电动门，后、侧包墙出口集箱疏水电动门，低温过热器进口集箱疏水电动门，屏式过热器进口管道疏水电动门，屏式过热器出口管道疏水电动门，高温过热器进口管道疏水电动门，高温过热器出口管道疏水电动门。

（6）确认打开低温再热器进口管道疏水电动门，低温再热器出口管道疏水电动门，高温再热器进口集箱疏水电动门，高温再热器出口集箱疏水电动门。

（7）锅炉见压后，打开高、低压旁路门开度至10%最小阀位开度。

（8）当主蒸汽压力升至0.2 MPa时，关闭包墙出口联箱放气一、二次门，屏式过热器出口放气一、二次门，低温过热器出口放气一、二次门，高温过热器出口放气一、二次门。

（9）关闭低温再热器出口放空气一、二次门，高温再热器出口放空气一、二次门。

（10）关闭前、侧包墙出口集箱疏水电动门，后、侧包墙出口集箱疏水电动门，低温过热器进口集箱疏水电动门，屏式过热器进口管道疏水电动门，屏式过热器出口管道疏水电动门，高温过热器进口管道疏水电动门，高温过热器出口管道疏水电动门。

（11）关闭低温再热器进口管道疏水电动门，低温再热器出口管道疏水电动门，高温再热器进口集箱疏水电动门，高温再热器出口集箱疏水电动门。

（12）主蒸汽压力升高过程中，投入高低旁路，以及辅助减温水。

### （二）投入减温水

（1）确认打开前包墙再热汽温电动调节挡板1、2，后包墙再热汽温电动调节挡板1、2。

（2）打开电泵中间抽头电动门。

（3）打开过热器一级减温水管道放空气一次门、二次门，过热器二级减温水管道放空气一次门、二次门。

（4）打开过热器辅助减温水门，过热器A侧一级减温水前门、后门，过热器B侧一级减温水前门、后门，投入过热器A、B侧一级减温水调节阀自动。打开过热器A侧二级减温水前门、后门，过热器B侧二级减温水前门、后门，投入过热器A、B侧二级减温水调节阀，手动控制过热器温度 380 ℃左右，投自动。

（5）待排气完毕，关闭过热器一级减温水管道放空气一次门、二次门，过热器二级减温水管道放空气一次门、二次门。

（6）打开再热器减温水总管门，再热器 A、B 侧减温水调节阀后门，再热器 A、B 侧减温水调节阀，再热蒸汽温度 370 ℃左右，将减温水调节阀投自动。

（7）适当投加燃料，通过减温水控制过热蒸汽，再热蒸汽温度，缓慢升温升压至主蒸汽压力 8 MPa 左右，再热蒸汽压力 0.7 MPa 左右，各个参数稳定运行。

## 复习思考题

1. 检查安全阀时应符合什么要求？（ ）（多选）
   A. 排汽管和疏水管完整、畅通、装设牢固
   B. 安全门弹簧完整并适当压紧，无锈蚀变形，防护罩装妥完整
   C. 安全门各配件（如顶盖、手柄等）完好齐全，无妨碍其动作的杂物
2. 锅炉升压过程中应注意哪些事项（ ）？（多选）
   A. 应经常监视汽包水位的变化，维持正常水位，加强上下水位计的校对
   B. 加强对受热面壁温的监视，保持壁温均匀上升，承压部件受热均匀，膨胀正常
   C. 应监视汽包壁温的变化，严格控制汽包上下壁温差不超过 70 ℃
   D. 若温差上升趋势较快时，可适当降低升压速度，采用减小排汽量和减小排污的方法来减小温差
3. 锅炉缺水，水位从上水位计中消失或电接点水位计低于-100 mm。这种说法是否正确？
4. 蒸汽流量不正常地大于给水流量，严重时，过热蒸汽压力下降。这种说法是否正确？
5. 如何判断过热器管损坏？

# 任务 3-12　高低压旁路系统

## 一、系统介绍

单元制机组一般都设置有旁路系统，以配合汽轮发电机组的启动运行。旁路系统一般分为高压旁路和低压旁路两级串联系统，旁路系统的容量可以有不同的配置方式（100%、60%、40%、30%、20%、5%等多种形式）。高、低压旁路采用不同的容量，比如有机组配置了100%高压旁路，而低压旁路只配置了50%容量，但大多两级旁路系统配置一致。旁路系统有的采用电动形式，有的采用气动形式，早期也采用过液压形式。

## 二、主要设备及作用

高压旁路系统由高压旁路阀（高旁阀）、喷水调节阀、喷水隔离阀等组成。

低压旁路系统由低压旁路阀（低旁阀）、喷水调节阀、喷水隔离阀、低温减压器等组成。

高、低压旁路系统的作用：

（1）改善机组启动性能，缩短机组启停时间：中间再热机组冷态、温态、热态启动过程中，锅炉的产汽量、汽压及汽温往往与汽轮机冲转要求不相吻合，为满足机组启动时锅炉和汽轮机蒸汽管路的暖管要求以及机组在故障跳闸（外界因素引起）后能快速启动，旁路系统就承担调节和协调的任务，以满足汽轮机对冲转参数的要求。

（2）在启动过程中，回收多余的热量和工质：通过旁路系统将锅炉启动初期产生的大量蒸汽排放到凝汽器，节约燃料和工质。

（3）锅炉启动及汽轮机发生故障时，保护再热器：汽轮机冲转前或甩负荷后，再热器布置在高温烟区处于干烧状态，通过高压旁路将主蒸汽减压减温后进入再热器提供蒸汽冷却，起到保护再热器的作用。

（4）防止锅炉超压，担当安全门的作用，避免排汽噪声：当机组突然大幅降荷或甩负荷，锅炉主蒸汽压力迅速升高，通过旁路控制系统，能及时泄压，减少锅炉安全门起跳次数，这样，既利于延长安全门的使用寿命，又利于消除排汽噪声，同时减少蒸汽的浪费。

## 三、系统流程及主要参数

本系统流程见图 3-11。

主要参数包括主蒸汽压力及高旁减温器后温度、再热蒸汽压力及低旁减温器后温度。

## 四、系统的启动

（1）打开低压旁路 A/B 减温器喷水调节阀后手动门。

（2）打开低、高压凝汽器三级喷水减温调节阀后隔离阀。

（3）打开低压缸喷水手动隔离阀，打开低压缸喷水调节阀前、后手动阀。

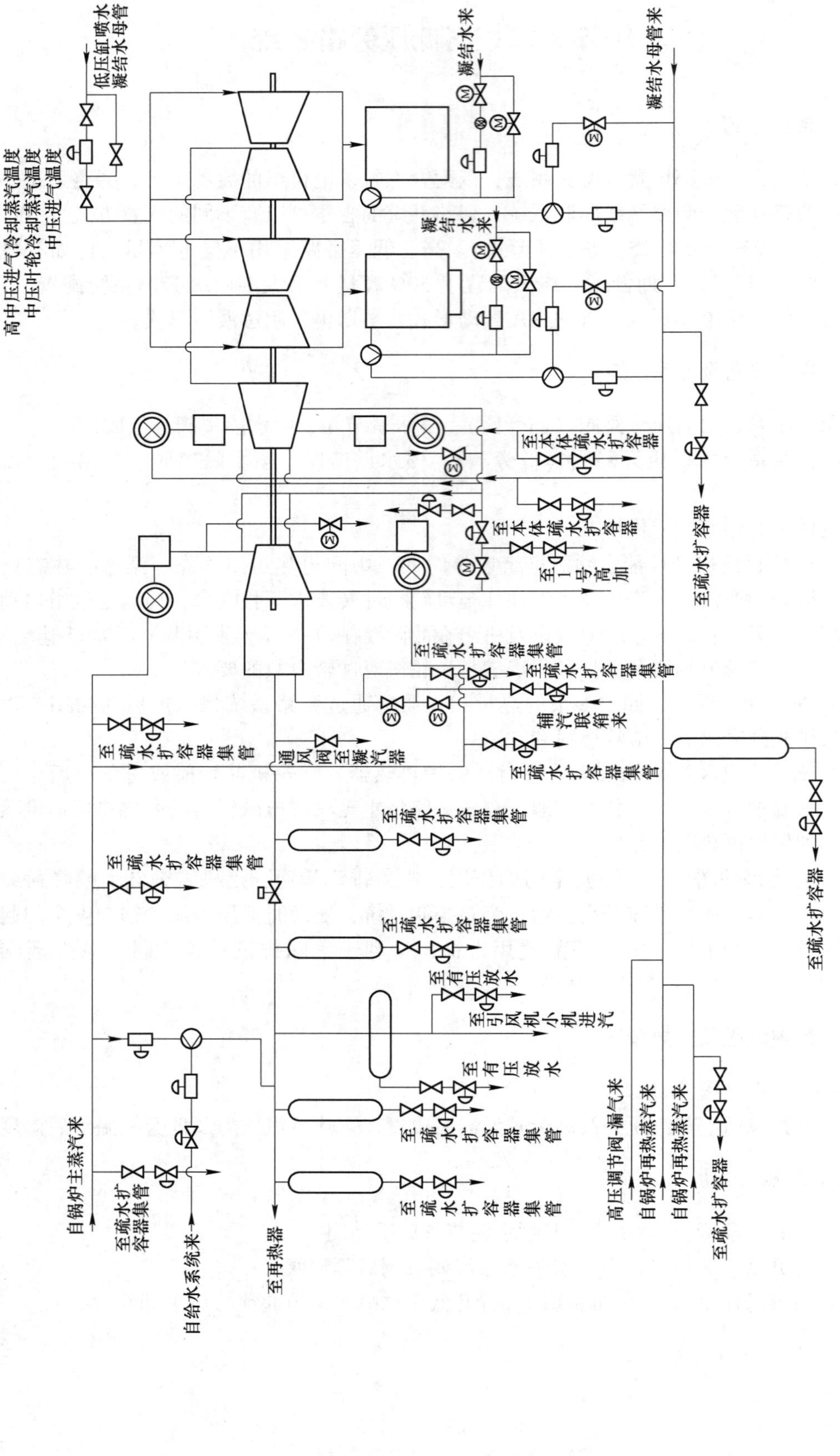


图 3-11　高低压旁路系统图

（4）低压缸喷水调节阀投自动，设定值 40 ℃。

（5）打开高旁减温水电动门。

（6）打开 A 低旁减温水电动门，B 低旁减温水电动门。

（7）打开高温再热器 B 侧出口管疏水门，再热蒸汽母管疏水气动门，低旁前疏水气动门，中压主汽门（左）前主汽疏水门，中压主汽门（右）前主汽疏水门。

（8）打开高排逆止阀后疏水气动门 1、2、3，高排逆止阀前疏水气动门。

（9）打开主蒸汽母管疏水气动门 1、2。

（10）打开主汽门（左）前主汽管疏水门、主汽门（右）前主汽管疏水门。

（11）A、B 侧低旁三级减温调节阀投自动（A、B 低旁三级减温水调节阀前电动门正常联开）。

（12）A、B 低旁温度调节阀投自动，设定值 60 ℃。

（13）将 A、B 低旁压力调节阀投自动。

（14）主蒸汽压力为 0~2 MPa 时，调整高旁压力调节阀开度为 10，高旁温度调节阀设定值为 250 ℃左右，并分别投自动。

## 五、系统的停运

（1）机组负荷升高后高旁阀应全部关闭。若高旁阀仍没有完全关闭，可通过开大汽轮机调门或提高设定压力将其关闭，高压旁路退出运行。

（2）当汽轮机冲转和发动机并网后，随着汽轮机带负荷，低压旁路维持再热汽压力（0.8 MPa）不变，逐渐关闭至零，将低压旁路控制投自动；低压旁路退出运行。

## 六、故障分析及处理

### （一）低压旁路突然开启

1. 现象

（1）再热蒸汽压力降低，机组负荷下降，高压调门开大，调节级压力升高。

（2）排汽温度升高，凝汽器真空下降，“凝汽器真空低”报警。

（3）凝结水温度上升。

（4）低压旁路有开度反馈，就地有明显的通流声音。

（5）大机轴向位移，推力轴承等 TSI 参数发生变化。

2. 原因

（1）控制系统故障导致误开。

（2）热工逻辑故障导致误开。

（3）人为误操作。

3. 处理

（1）发现低压旁路误开时，应立即手动关闭。

（2）若低压旁路无法关闭，应先立即提高凝结水母管压力并迅速投入低旁减温水、三级减温水、低压缸及水幕喷水。

（3）将机组切至 TF 方式，控制调节级压力不超限，轴向位移及高、低压缸胀差不超限，防止汽轮机高压缸过负荷，主蒸汽温度、再热蒸汽温度大幅波动。

（4）若汽温下降速度较快，将汽轮机主控切至手动，适当关小汽轮机调门。

（5）真空下降时，手动启动备用真空泵，启动备用循环水泵。经处理无效、真空下降较快时，应快速减负荷，必要时手动触发 RB，凝汽器真空下降至−87 kPa 时，负荷应减至 240 MW，如果真空继续下降，每下降 1.33 kPa 减负荷 36 MW，当凝汽器真空下降至−81.4 kPa 时，负荷应减至 0。

（6）真空下降过程中，应密切监视排汽温度，若排汽温度达 60 ℃或凝汽器真空达−81.4 kPa，应打闸停机；真空到 0，开启真空破坏门，防止凝汽器超压，隔绝凝汽器所有热源，保持疏水扩容器减温水、三级减温水、水幕喷水及低压缸喷水投入正常。

（7）机组跳闸后若排汽温度高，禁止开启高压旁路。

（8）配合检修人员紧急处理，尽快恢复机组运行。

## 复习思考题

简述机组旁路系统的形式和特点。

# 模块4 单元机组事故分析及处理

单元机组系统庞大，结构复杂，炉、机、电联系紧密协调控制，其中一个环节出现故障将会影响到整个机组和系统的安全经济运行。同时，随着机组容量不断增大，辅机设备及系统也在不断增大，要求增高，不论是主机还是辅机设备的损坏都会造成机组停运或者出力减少。因此，当机组发生故障时，要进行正确迅速的处理。

## 任务4-1 单元机组事故处理概述

为了保证单元机组运行的可靠性，杜绝灾难性事故，避免重大事故，减少一般事故，当机组发生事故时，应按照以下原则和要点进行处理。

### 一、机组事故处理的原则和要点

（1）发生故障时，应核对操作界面上必要的报警、参数和状态显示，若有必要应到现场确认，迅速采取相应的措施，以避免异常的扩大。

（2）发生事故时，要遵守“保人身、保电网、保设备”的原则，运行人员应迅速消除对人身、电网和设备的危害，必要时应立即隔离发生故障的设备，保持非故障设备的正常运行，事故处理中应周全考虑好各步操作对相关系统的影响，防止事故扩大，优先保证主机安全。

（3）消除故障时，动作应迅速、正确。处理故障时接到命令后应复诵一遍，如果没有听懂，应反复问清，命令执行完毕后，应迅速向发令者汇报。

（4）消除故障时，若认为所接受的指令不正确（或有疑义），应立即向发令人报告，由其决定该指令的执行或撤销，如果发令人重复指令，受令人必须迅速执行。但当执行该指令确将危及人身、电网或设备的安全时，受令人必须拒绝执行，并将拒绝执行的理由报告发令人并向上一级领导汇报。

（5）发生事故后如有关联锁和保护装置未能按照规定要求动作，运行人员应手操使其动作，以免造成设备损坏事故。

（6）由于联锁或保护装置动作而骤减负荷或紧急停用时，应迅速查明事故原因，并设法消除后方可恢复机组的正常运行。凡是故障跳闸的设备，在未查明真相前，不得盲目将其恢复运行。

### 二、事故处理的组织和调度原则

（1）发生事故时，主值负责组织本机组的故障消除工作，值长负责组织生产现场范围内的故障消除工作。各岗位互通情况，在值长统一指挥下，密切配合，迅速处理事故。

（2）发生事故时，值长应及时向发电生产部和公司领导汇报事故情况。

（3）值长应立即、准确向调度汇报故障情况，特别是保护和开关的动作情况。

（4）消除故障的每一个阶段，都应迅速汇报值长，以便及时、正确地采取对策，防止故障扩大。

（5）公司各级领导及生产技术人员必须尽快到达现场，监督、协助事故处理，并给予运行人员必要的指导，但这些指示不应和值长的指令相抵触。

（6）处理事故期间，值长应坚守岗位，保证与调度的正常联系和生产通信的畅通。

（7）处理事故期间，运行人员不得擅自离开工作岗位，如果故障发生在交接班时间，应延迟交班，在未办理交班手续前，交班人员应继续工作，接班人员应协助交班人员一起消除故障，直至接到值长交接班的命令为止。

（8）当发生规程以外的事故及故障时，值班人员应根据实际情况做出正确判断，主动采取对策，迅速进行处理。时间允许时，请示值长并在值长的指导下进行事故处理。

（9）事故处理过程中，值长负责维持现场秩序。

（10）事故处理完毕后，运行人员应将观察到的现象、事故发生的过程和时间、所采取的消除故障措施等做正确、详细的记录。值长及时向调度和公司领导汇报，班后组织全值人员进行事故分析，并完成事故调查报告。

## 三、机组事故停运原则

### （一）汽轮机事故停运

（1）汽轮机遇下列情况之一时，应破坏真空紧急停机：

1）汽轮机转速超过 3300 r/min。

2）汽轮机轴向位移达到保护动作值±1.0 mm。

3）汽轮机发生水冲击，主蒸汽温度、再热蒸汽温度在 10 min 内突降 50 ℃，或高、中压缸上下缸温差达 45 ℃。

4）机组发生剧烈振动达保护动作值或机组内部有明显的金属撞击声。

5）汽轮机任一轴承断油冒烟或回油温度达到 82 ℃，或发电机密封油中断。

6）汽轮机任一推力瓦金属温度达 130 ℃，汽轮机轴承金属温度（1 号~5 号轴承）升高至 130 ℃，发电机励磁机轴承金属温度（6 号~8 号轴承）升高至 107 ℃。

7）汽轮机轴承或端部轴封摩擦冒火时。

8）汽轮机轴承润滑油压下降至 0.23 MPa。

9）主油箱油位急剧下降时，补油无效，油位降至 750 mm 油位以下时。

10）主油箱油中进水，油位异常上升，油位达 950 mm 时。

11）机组油系统或氢系统着火，无法很快扑灭并严重威胁人身或设备安全。

12）厂用电全部失去。

（2）汽轮机遇到下列情况之一时，应进行故障停机，不破坏真空：

1）主、再热蒸汽温度达到 616 ℃时间超过 15 min，或温度超过 623 ℃，或全压时主、再热蒸汽温度降至 530 ℃。

2）真空下降，经降负荷处理仍不能维持。

3）低压缸排汽温度上升至 110 ℃。

4）两台 EH 油泵运行，但 EH 油压仍低于 10.5 MPa。

5）主蒸汽、高压给水管道或其他汽、水、油管道破裂，无法维持机组正常运行时。

6）热控系统发生故障，所有操作员站死机无可靠后备监视手段时。

7）发电机氢气或密封油系统发生泄漏，无法维持机组正常运行时。

8）汽轮机连续无蒸汽运行超过 1 min，而逆功率保护不动作。

9）循环水中断。

10）发生需立即停机的人身事故。

（3）当发生下列情况之一，应申请停机：

1）汽轮机高中压主汽门、调速汽门、补汽阀或抽汽逆止门卡涩，不能严密关闭。

2）汽轮机调速控制系统出现故障。

3）保护、远方控制和自动控制装置和重要测量仪表工作不正常。

4）凝结水水质严重恶化。

5）主要辅助设备发生故障，不停机不足以消除缺陷。

（4）紧急停机操作及处理：

1）在集控室手动按下“紧急停机”按钮或就地手打汽轮机跳闸按钮。确认发电机解列，锅炉 MFT，汽轮机转速下降，厂用电切换正常。确认高中压主汽门、调门，补汽门、高排逆止门、抽汽逆止门关闭。

2）检查汽轮机本体及主再热汽管道、抽汽管道疏水门开启后手动强制关闭。

3）监视油压正常，调整润滑油温正常。

4）切换辅汽汽源，确保轴封用汽。

5）停运真空泵开启真空破坏门。

6）机组转速达 510 r/min 时，检查顶轴油泵联起，否则手动启动顶轴油泵。

7）真空到零，停止轴封供汽。

8）主机转速降至 120 r/min 时，检查盘车自动投入，转速为 48~54 r/min。

9）停机过程中应注意机组的振动、润滑油温、密封油氢差压正常。记录惰走时间，倾听机内声音正常。

10）完成规程规定的其他停机操作。

### （二）锅炉事故停运

（1）遇有下列情况之一时，应紧急停炉：

1）达到 MFT 保护动作条件，MFT 拒动。

2）主蒸汽管道、再热蒸汽管道、给水管道等发生爆破，不能维持运行或威胁人身安全。

3）发生尾部烟道再燃烧，排烟温度不正常地升高超过 200 ℃。

4）锅炉安全阀动作，无法使其回座，蒸汽参数或各段工质温度变化不允许运行时。

5）锅炉蒸汽压力升高至安全门动作压力，而安全门拒动。

6）炉管爆破，无法维持运行，威胁人身或设备安全。

7）锅炉所有给水流量测量装置损坏，造成过热蒸汽温度不正常，或过热蒸汽温度正常但半小时内给水流量表未能恢复时。

8）机组范围发生火灾，直接威胁机组的安全运行。

9）DCS 系统发生故障，无法对机组进行控制和监视，30 s 内无法恢复。

10）炉膛或烟道发生爆炸，使设备受到严重损害时。

11）炉膛燃烧恶化，负压剧烈波动，火焰电视看不到火焰。

（2）遇有下列情况之一时，应请示值长停止锅炉运行：

1）锅炉给水、蒸汽品质严重恶化，经采取措施无法恢复正常。

2）锅炉承压部件泄漏，但可维持锅炉正常水动力工况，运行中无法消除时。

3）锅炉结焦、堵灰严重，经多方处理难以维持正常运行时。

4）锅炉安全阀存在严重内漏或部分有缺陷不能正常动作。

5）锅炉汽温和受热面壁温严重超温，经多方调整无法降低。

6）除灰、除渣（干式排渣、气力输灰）系统发生故障，锅炉连续 12 h 不能排渣、灰。

7）控制气源压力低于 0.45 MPa，短时间无法恢复时。

8）任一本体 3 个电场发生故障或除尘效率很低时。

9）空预器停转，且挡板隔绝不严或转子盘不动时。

10）辅机发生故障无法再维持主机正常运行时。

（3）锅炉 MFT 的条件和联动设备。

1）MFT 动作条件：

①手动 MFT。

②省煤器进口给水流量小于 574 t/h，延时 30 s。

③两台送风机全停。

④两台引风机全停。

⑤三台给水泵全停，延时 3 s。

⑥炉膛压力高于+1520 Pa 设定值，3 取 2 延时 3 s。

⑦炉膛压力低于-1780 Pa 设定值，3 取 2 延时 3 s。

⑧火检冷却风压力低至 4 kPa，延时 10 min。

⑨锅炉风量低于 25%BMCR，延时 3 s。

⑩分离器出口蒸汽温度高 466 ℃，延时 3 s。

⑪过热蒸汽温度高 625 ℃。

⑫再热蒸汽温度高 623 ℃。

⑬启动分离器水位高 14.5 m。

⑭全部燃料失去。

⑮全炉膛火检无火。

⑯汽轮机跳闸，锅炉 MFT。

⑰FSSS 电源消失。

⑱有任一煤层运行时两台一次风机停运且油枪都未投运。

⑲两台空预器全停。

⑳多次点火失败。

㉑微油模式下，A 磨煤机跳闸。

㉒再热器断流保护：在总燃料量大于 25%，机组未并网的情况下，高旁阀门关闭且（左高压主汽门关闭或左侧高压调门关闭，且右高压主汽门关闭或右侧高压调门关闭）延时 10 s，或低旁阀门均关闭且（左中压主汽门关闭或左侧中压调门关闭，且右中压主汽门关闭或右侧中压调门关闭）延时 10 s。

㉓螺旋管圈出口金属温度高（相邻四个一组，四取三）。

a. 机组负荷 0~30%BMCR，水冷壁螺旋管出口金属温度（前、后、左、右）跳闸值 507 ℃，且相邻点水冷壁螺旋管出口金属温度达报警值 493 ℃。

b. 机组负荷 30%~50%BMCR，水冷壁螺旋管出口金属温度（前、后、左、右）跳闸值 502 ℃，且相邻点水冷壁螺旋管出口金属温度达报警值 488 ℃。

c. 机组负荷 50%~75%BMCR，水冷壁螺旋管出口金属温度（前、后、左、右）跳闸值 491 ℃，且相邻点水冷壁螺旋管出口金属温度达报警值 477 ℃。

d. 机组负荷 75%~100%BMCR，水冷壁螺旋管出口金属温度（前、后、左、右）跳闸值 485 ℃，且相邻点水冷壁螺旋管出口金属温度达报警值 471 ℃。

㉔脱硫要求 MFT。

2）MFT 动作后设备联动情况：

①所有磨煤机、给煤机跳闸。

②两台一次风机，延时 1 min 跳密封风机。

③所有磨煤机出口挡板关闭。

④供、回油快关阀关闭。

⑤所有油角快关阀关闭，油枪吹扫闭锁。

⑥闭锁所有高能点火器打火。

⑦二次风挡板置吹扫位。

⑧送、引风机自动控制切换为 MFT 跳闸控制方式。

⑨过热器一、二、三级减温水、再热器事故减温水电动门、调节门关闭。

⑩闭锁蒸汽吹灰。若发生 MFT 时锅炉正在吹灰，吹灰器自动退出。

⑪汽轮机跳闸，给水泵跳闸，锅炉主给水电动门和旁路调门关闭。

⑫电除尘器跳闸。

⑬脱硫、脱硝系统跳闸。

### （三）发电机事故停运

（1）发电机有下列情况之一时，应紧急解列发电机：

1）机组发生故障，保护或开关拒动。

2）发电机内有摩擦、撞击声，振动超过允许值。

3）发电机机壳内氢气爆炸、冒烟着火。

4）发电机出口 PT、CT 冒烟着火或爆炸。

5）发电机励磁变发生冒烟着火。

6）大量向发电机内漏水、漏油。

7）发电机漏水且伴随有定、转子接地。

8）发电机定子线圈冷却水中断 30 s。

9）发变组主开关以外发生短路，定子电流表指向最大，电压严重降低，发电机后备保护拒动。

10）发生需要紧急停机人身事故。

（2）发电机发生下列条件时，应申请停机：

1）发电机由于某种原因造成无主保护运行（因工作需要短时停一套保护并能很快恢复，并有相应的措施除外）。

2）发电机层间温度大于 90 ℃或线棒出水温度大于 85 ℃，确认测温元件无误采取措施无效时。

3）转子匝间短路严重，转子电流达到额定值，无功仍然很小。

4）发电机铁芯温度大于 120 ℃，确认测温元件无误，且采取措施无效时。

5）发电机定子线棒出水温差大于 12 ℃，或线棒层间温差大于 14 ℃，确认测温元件无误，且采取措施无效时。

6）定冷水电导率达到 9.5 μS/cm，采取措施无效时。

7）主变、高厂变、励磁变出现异常情况威胁到正常运行且不停运无法处理时。

## 四、机组重大事故预防

### （一）防止炉膛爆炸事故

（1）对锅炉保护、燃烧系统保护、自动控制系统不得随意解除，如因设备缺陷需退出保护时，必须经过总工批准，并做好相应的安全措施。

（2）确认炉膛灭火而 MFT 未动作时，立刻手动 MFT，进行炉膛吹扫。禁止采用爆燃的方式恢复运行。

（3）燃油母管泄漏试验合格后，方可允许锅炉点火。燃油母管泄漏试验不合格，应查明原因，防止油枪电磁阀不严密燃油漏入炉膛内部。

（4）点火初期投油枪时，应从就地和利用火焰监视电视观察油枪着火情况，发现油枪未着火但火检信号存在时，应立刻手动停运该油枪，联系检修人员查明原因，禁止在未查明原因之前再次点火。

（5）油枪燃烧不好时，运行人员应根据油枪着火情况及时调整送风量、二次风箱与炉膛差压及二次风门开度，保证燃油燃烧充分，调整无效及时退出油枪联系检修人员处理。

（6）低负荷投入磨煤机时，禁止在条件不满足时短接启动条件，投入第一台磨煤机时应保证相邻层油枪全部投入，或投运带有微油点火装置的 A 制粉系统。

（7）低负荷投入磨煤机后注意观察煤粉着火情况，煤粉不着火时及时停运磨煤机。

（8）磨煤机停运前，应将磨煤机内部及煤粉管内煤粉全部吹空后方可关闭风门挡板。

（9）锅炉炉膛水冷壁吹灰应在负荷大于 70%BMCR 以上时进行，低负荷或燃烧不稳定时禁止吹灰。

（10）加强煤质监督，运行监盘人员应每天了解当天煤质情况，主值班员应根据煤质情况作好燃烧调整的应变措施。

（二）防止制粉系统着火、爆炸事故

（1）磨煤机启动暖磨前投入消防蒸汽，时间不小于 180 s。

（2）制粉系统启动前暖磨时，暖磨速度不要过快，控制好温升速度，正常启动暖磨时磨煤机出口温度不超过 75 ℃。

（3）磨煤机正常运行过程中，磨出口温度控制在要求范围内（65~75 ℃）。

（4）磨煤机正常运行过程中，发现原煤有自燃现象时，立即停止磨煤机运行，采取灭火措施灭火。

（5）制粉系统停运前，给煤量减到最低值后，关闭热风调节挡板，用冷风调节挡板控制磨煤机风量，待磨煤机出口温度降至 65 ℃且稳定后方可停止给煤机运行，磨煤机继续运行至电流降至空载电流。

（6）制粉系统正常停运时，停止给煤机前先关闭入口门，在给煤机皮带及清扫器均无煤后停止给煤机运行，然后方可关闭给煤机下煤闸板。

（7）磨煤机停止后，磨煤机冷风调节挡板开大，风量不低于额定风量吹扫至少 5 min，以确保煤粉管道吹扫干净。

（8）磨煤机故障跳闸后（锅炉 MFT 除外），检查磨煤机出口门和热风关断挡板联锁关闭，消防蒸汽电动门联锁开启。如果制粉系统故障跳闸后系统无法在短时间内启动，应设法将磨煤机出口管道内煤粉吹扫干净，并联系检修人员将给煤机、磨煤机内存煤彻底清理。

（9）加强对磨煤机风室刮板和石子煤系统的检查和维护，防止刮板和石子煤系统故障使石子煤在磨煤机风室内堆积自燃而引起制粉系统的着火、爆炸。

（10）运行中磨煤机出口温度急剧升至 110 ℃应停止磨煤机，并分析原因、消除隐患，在原因没有分析清楚前禁止启动磨煤机。

（11）运行值班人员定期对运行磨煤机出口一次风管进行检查（利用红外测温仪），防止磨煤机出口一次风管积粉、堵塞。

（三）防止锅炉尾部再燃烧事故

（1）加强空预器出口烟风温度的监视，正常运行中空预器出口烟温不高于 170 ℃、空预器出口二次风温不高于 370 ℃、一次风温不高于 360 ℃，当空预器出口烟风温度超过时立即查找原因，判断为着火时按再燃烧处理。

（2）加强空预器红外线热点探测装置的检查、维护，保证装置的投入率，定期校验装置热点报警值，保证其工作的可靠性。

（3）加强油枪燃烧的检查，当油枪雾化、燃烧不好冒黑烟时，及时调整油压和配风，必要时停止油枪运行。

（4）加强燃烧调整，保证锅炉氧量，任何负荷下氧量不得小于 2.5%。

（5）在锅炉启动、停止及低负荷煤油混燃过程中，空预器要投入连续吹灰，在机组负荷大于 40%BMCR 时空预器吹灰每 8 h 投入一次。

（6）空预器正常吹灰汽源采用主蒸汽，减压阀压力定值 1.5 MPa，温度 300 ℃以上。当锅炉启动、停止时，若主蒸汽压力、温度不满足要求，采用辅助蒸汽，应使辅助蒸汽压力不低于 0.8 MPa，温度 200 ℃以上，以保证吹灰效果。

(7) 定期检查空预器导向轴承油箱油位，当油箱油位不正常地下降时，应分析下降原因，防止油箱漏油至空预器内部传热元件引起着火。

(8) 定期检查空预器换热片积灰状况，根据实际情况安排进行空预器水清洗。

(9) 注意空预器吹灰器的运行效果，发现吹灰器缺陷及时处理，防止吹灰蒸汽带水。

(10) 加强锅炉燃烧调整工作，做到合理配风，防止油、煤及未完全燃烧产物在尾部受热面或烟道上存积。

### (四) 防止锅炉受热面金属超温

(1) 锅炉点火前，烟温探针应可靠投入且温度应低于 538 ℃，烟气温度高于 538 ℃时烟气温度探针应自动退出。

(2) 冷态锅炉点火初始燃烧率不大于 5%。

(3) 锅炉升温升压速率按照机组启动曲线进行，蒸汽温度的温度变化率不高于 2 ℃/min。

(4) 烟温探针退出后，烟气温度无法监视，应监视好所有受热面金属温度在规定值内，否则需要燃烧调整，直至受热面金属温度降到规定值内为止。

(5) 在磨煤机启动后，应就地有人监视煤粉着火情况，煤粉进入炉膛后 15 s 没有着火，立即停止磨煤机运行。

(6) 锅炉正常运行中，根据主、再热汽温度及时调整燃烧，防止超温。

(7) 启动给煤机转速不要超过 30%，待锅炉负荷趋于稳定后，再逐渐增加给煤机转速至正常值，防止燃烧率大幅度增加导致汽温调节跟不上而超温。

(8) 在磨煤机跳闸等燃烧工况变化大的情况下，应加强汽温的监视。

### (五) 防止锅炉四管泄漏

(1) 注意监视锅炉燃烧情况，发现火焰冲刷水冷壁及时调整燃烧，避免炉膛水冷壁的高温腐蚀。

(2) 注意监视锅炉上部分的结焦情况，当结焦异常加重及时汇报上级予以解决，以避免结大焦掉落砸坏水冷壁管。

(3) 锅炉运行时控制给水流量在正常范围内，禁止解除给水流量低保护，防止锅炉严重缺水运行。

(4) 加强锅炉受热面管材的焊接、磨损检查。

(5) 合理安排锅炉受热面吹灰方式。根据机组运行负荷、结焦、积灰情况灵活安排吹灰次数、时间、吹灰部位，吹灰器运行时专人维护、检查，吹灰器发生故障及时处理，防止吹灰器吹坏受热面。

(6) 加强锅炉给水、主蒸汽、再热蒸汽的品质监督。在锅炉启动前进行冷态冲洗，炉水化验不合格前禁止点火，在机组启动及带负荷阶段加强热态清洗工作，升负荷过程中蒸汽品质不合格时停止升压升负荷，机组正常运行中给水、蒸汽品质严重恶化，调整无效时，应申请停止锅炉运行。

(7) 在机组正常运行过程中严禁凝结水精处理设备退出运行。

（8）严禁锅炉超温运行，运行人员加强对锅炉受热面金属壁温的监视，尤其在锅炉冷态启动并网前的主、再热器壁温。

（9）严禁锅炉超压运行。在锅炉安装或大修后要严格按规程规定进行锅炉水压试验和安全门整定。

（10）锅炉停止时根据不同的停炉目的采取相应的保养方法，避免锅炉停用期间的腐蚀。

### （六）防止锅炉结焦

（1）尽量燃用设计煤种，出现煤种大幅变化时，应及时进行燃烧调整，制定出完善的防止锅炉结焦的运行措施。

（2）如果所用煤种属极易结焦的煤种，在燃用过程中发现有明显的结焦倾向，通过燃烧调整无效时，应进行合理掺烧。

（3）加强就地看火和观焦，重点了解炉膛出口、燃烧器区以及渣斗等区域的结焦情况，发现结焦及时处理。

（4）调整燃烧时，在保证完全燃烧条件下应适当地降低高温辐射区域氧量，并根据锅炉结焦情况调整一、二次风配比。

（5）制定合理的吹灰方式并严格执行。同时，运行人员还应根据锅炉运行的情况，发现过、再热器壁温偏高，或过热器减温水量过大时，及时增加水冷壁吹灰，若无明显改善，宜申请机组降负荷。

（6）锅炉结焦严重，无法维持正常运行，应汇报相关领导，申请停炉处理。

### （七）防止汽轮机超速事故

（1）机组启动前进行电超速保护的传动试验，机组启动时，超速保护应正常投入运行，超速保护不能可靠动作时禁止机组启动和运行。事故情况下，如保护不动作，应手动打闸停机。

（2）机组重要运行监视表计，尤其是转速表，显示不正确或失效，严禁机组启动，机组启动过程中，应严格控制升速率在规程规定的范围内，若出现转速突升应立即打闸停机。运行中的机组，在无任何有效监视手段的情况下，必须停止运行。

（3）透平油和抗燃油的油质应合格。在油质及清洁度不合格的情况下，严禁机组启动。

（4）调速系统检修后按机组整套启动前必须根据调试大纲要求进行汽轮机调节系统的静态试验，确认调节系统工作正常。在调节部套存在有卡涩、调节系统工作不正常的情况下，严禁启动。严禁在非盘车状态下进行汽轮机调速系统静态试验；严禁在锅炉有压力的情况下进行汽轮机调速系统静态试验。

（5）正常停机时，必须先将汽轮机脱扣后，并确认自动主汽门及各段抽汽逆止门均关闭，检查有功功率到零逆功率保护动作发电机解列。严禁带负荷解列。

（6）在机组正常启动或停机的过程中，应严格按运行规程要求投入汽轮机旁路系统，尤其是低压旁路；在机组甩负荷或事故状态下，低压旁路必须开启。机组再次启动时，再热蒸汽压力不得大于制造厂规定的压力值。

(7) 严格执行运行操作规程，在任何情况下绝不可强行挂闸开机。

(8) 抽汽逆止门、高排逆止门，在机组启动前应进行联锁试验，动作应正常。如有卡涩现象必须及时处理或制定有效的风险预控方案，否则严禁机组启动或运行。

(9) 甩负荷试验前应确认条件具备，甩负荷试验汽轮机飞升转速不应达到或超过超速保护定值。

(10) 主汽门、调门严密性试验合格；高压主汽、高压调门、中压主汽门、中压调门、补气阀活动试验动作应灵活，无卡涩现象；机组增减负荷时，注意调速汽门动作情况。对主汽门、调速汽门关闭时间测试、抽汽逆止门关闭时间测试合格。

(11) 数字式电液控制系统（DEH）设有完善的机组启动逻辑和严格的限制启动条件；严格按照运行规程关于“汽轮机禁止启动的条件”执行。

(12) 汽轮机专业人员必须熟知DEH的控制逻辑、功能及运行操作。

(13) 严格进行主汽门和调速汽门的定期活动试验。试验中若发现有汽门卡涩，且不能采取有效措施保证机组安全运行的情况，应立即停机处理。

(14) 严格进行主汽门和调速汽门的定期严密性试验。主汽门和调门的严密性试验必须在主蒸汽压力和再热蒸汽压力均为50%额定压力以上且机组真空正常的条件下进行。在全关主汽门（或调节汽门），调门（或主汽门）保持全开后，机组转速应在合理时间内降到规定转速。

(15) 机组应有效地投入一次调频功能，防止发变组外部故障的情况下导致机组超速。

(16) 每天对汽轮机的振动数据进行抄表记录，定期对振动的变化趋势进行分析比较，发现问题及时处理。

(17) 机组的主、辅设备的保护装置校验正确，投入正常运行，有关保护解除必须得到厂部领导同意，签字做好登记消缺后立即恢复保护投入（保护解除必要时做好安全措施）。

### (八) 防止汽轮机进冷汽冷水

(1) 启动过程中要检查管道和汽轮机本体上的疏水门开启。

(2) 在机组停运期间，应该将疏水门打开，直到汽轮机完全冷却为止。

(3) 在机组投入轴封以前，要确认疏水系统阀门开启，投入汽封后要立即抽真空。

(4) 轴封蒸汽要保证过热度及与转子的温差。

(5) 在滑停过程中要严格控制蒸汽的过热度和温降率。

(6) 锅炉灭火后不得维持汽轮机运行。

(7) 在停机时，若上下缸温差大，应迅速查明原因，切断进水点。

(8) 加热器、除氧器水位应调整平稳，水位报警和保护应可靠。

(9) 停机后应认真监视凝汽器，高、低压加热器和除氧器水位，检查主汽门、调门、补汽阀、抽汽电动门、逆止门关闭严密，防止汽轮机进水。

(10) 启动和低负荷时，注意汽温调整幅度不要过大，低负荷和空负荷状态下再热器禁止投入喷水，停机后高旁喷水应可靠关断。

(11) 汽轮机在热态下，锅炉不得进行水压试验。

(九) 防止汽轮机大轴弯曲

(1) 加强汽轮机基础数据与运行数据积累。

(2) 机组启动前应严格按照运行规程检查汽轮机各项启动条件。

(3) 加强轴封系统投、退用的管理，严格控制轴封汽温度有一定的过热度，并与转子金属温度匹配。

(4) 机组启动前，转子大轴晃动值不超过制造厂规定值，且与原始值相比矢量变化值不大于±0. 02 mm。

(5) 按规定投用盘车。

(6) 防止冷水冷汽进入汽轮机。

(7) 疏水系统应保证疏水畅通。

(8) 机组发生振动异常，按“汽轮机振动大”有关规定处理。

(9) 所有高加、除氧器、低加保护应按规程投入运行并定期试验，确保加热器水位高时，能使加热器停止运行。如果发生加热器管束泄漏，应立即停止加热器运行，并且检查抽汽电动门关闭情况。

(十) 防止轴瓦损坏

(1) 任何一台油泵工作失常时，禁止机组启动。

(2) 油系统运行后，无论机组在何种状态，都应认真检查油泵运行正常，各瓦回油正常，加强油温、油压的监视调整，严密监视轴承金属温度、回油温度。低油压保护投入。

(3) 主机润滑油系统的设备应可靠备用，并严格进行定期试验。在每次启动前，必须做润滑油低油压联动试验及备用泵与运行泵之间的联动试验。

(4) 运行中油泵或冷油器的投停、切换操作应平稳谨慎，严防断油烧瓦。

(5) 加强主机润滑油系统的油质检测，确保油净化装置运行正常。

(6) 防止汽轮机进水、大轴弯曲、振动异常或通流部分损坏。

(7) 顶轴油泵的启停控制应符合主机厂的规定。

(8) 投盘车前，应确认盘车已通油，必须先启动顶轴油泵，使各瓦建立顶轴油压正常。

(9) 汽轮机转子应可靠接地。

(十一) 防止轴系断裂

(1) 机组主、辅设备的保护装置、振动超限跳机保护必须正常投入，机组正常运行时轴振、瓦振应达到有关标准的优良范围，并注意监视其变化趋势。

(2) 机组正常运行应密切监视瓦振、轴振的变化趋势，发生变化时及时汇报。

(3) 严格按超速试验规程的要求，进行超速试验。

(4) 机组冷态启动应根据主蒸汽、再热蒸汽参数决定暖机时间，不允许缩短暖机时间。

(5) 落实防止超速的各项措施，切实防止发生机组超速，以免超速后由于其他技术原因引起设备扩大损坏，造成轴系断裂。

（6）建立转子技术档案。记录转子原始资料，包括制造厂提供的转子原始缺陷和材料特性；历次转子检修检查资料；机组主要运行数据、运行累计时间、主要运行方式、冷热态启动次数、启停过程中的汽温汽压负荷变化率、超温超压运行累计时间、主要事故情况的原因及处理。

（7）防止发电机非同期并网。

### （十二）防止开关爆炸

（1）为防止开关灭弧室烧损及爆炸，应合理调整系统运行方式，对容量不足的开关必须限制，调整、改造、更换。

（2）合理改变运行方式，限制和减少系统短路电流。

（3）从继电保护上采取相应措施，辅助一次设备、控制开关的跳闸顺序，对有过流闭锁的回路，必须做到良好、可靠地实现闭锁。

（4）经常注意监视开关灭弧介质的运行状况，如油位、油压、气压等，发现开关的灭弧介质渗漏时，应及时通知检修人员处理，严禁在开关严重缺乏灭弧介质情况下运行。在发现开关漏油、气且不能维持正常运行时，应立即通知检修人员进行加装机械锁，防止开关慢分闸。对于一些允许的开关控制回路，必要时可断开开关的控制电源，固定开关的状态。

### （十三）防止发电机损坏

发电机事故损坏，除一些设计、制造工艺方面的原因外，对于正常的运行维护，合理调整也是极其重要的，发电机的故障与其绝缘有着密切的关系，而在运行中，维护不当，会加快绝缘的老化速度，造成绝缘性能下降，导致发电机事故。

（1）严格控制发电机壳内的氢气湿度，用露点法表示，正常为 0～−25 ℃，防止氢气湿度大而导致发电机绝缘水平的下降。

（2）合理控制内冷却水的温度，一般高于氢温 2～3 ℃，氢气进风温度控制在 48 ℃，防止因内冷却水温度过低而使定子线圈温度下降，在发电机壳内结露，当长期运行时，会造成发电机的绝缘水平降低，严重时，会腐蚀发电机的绝缘。

（3）应及时排放发电机壳底部的液体，监视发电机内部的积水情况，并根据积水情况分析发电机的绝缘情况。

（4）合理调整密封瓦的密封油压，防止因密封油压力不合理造成氢气外泄和密封油向机壳内大量泄漏，从而引起发电机绝缘老化。

（5）进相运行的发电机，在自动励磁调节器未投自动的情况下，禁止进相运行，并且在进相运行中，自动励磁调节器必须具备低励限制的功能方可。

（6）在发电机调峰运行期间，应注意特别是发电机在高力率运行时，自动励磁调节器必须投自动运行，如果励磁调节器在手动方式，则必须控制功率因数一般在滞相的 0.95 以内运行，防止发电机的失步。

（7）禁止发电机的无励磁运行。

（8）发电机转子滑环用的电刷牌号、电刷质量、刷握内的光洁度、恒压弹簧质量、压力等应符合要求，同一极禁止使用不同型号的碳刷，防止因型号、压力等不同引起碳刷过流发热起火和烧坏发电机的滑环。

(9) 防止发电机的非全相运行和不对称运行。严格控制发电机的负序电流，防止长时间因负序电流过大而烧坏发电机的转子。

(10) 严格执行发电机的紧停规定，应停必停，谨防因时间的延误而损坏发电机。

### (十四) 防止大型变压器损坏

(1) 定期检查保证变压器的防爆膜、安全释压阀完好，防止与空气直接连通，造成变压器的油中水分含量增大，使油的绝缘性能变坏。

(2) 在给变压器补油时，应注意储油柜中的油质合格，防止补油而引起油质劣化，并且禁止由变压器的底部给油箱补油，防止空气和油箱底部杂质进入变压器身中，特别应防止金属杂质进入变压器内部。

(3) 当轻瓦斯保护动作后发出讯号时，要即时取气进行检验，以判明成分，并取油样谱分析，查明原因及时排除。

(4) 变压器内部故障跳闸后，应尽快切除油泵，停止油泵的运行，避免故障中产生的游离、金属微粒等杂质进入变压器的非故障部分。

(5) 防止变压器的线圈温度过高，绝缘劣化和烧坏。合理控制运行中的顶层油温温升。特别是对强迫油循环冷却的变压器，当上层油温温升超允许值时应迅速控制负荷，油温温升保持在规定允许的范围内。在变压器过负荷运行期间，也必须严密监视其油温温升在规定值以内，并尽量压缩负荷，减少过负荷的时间，防止长期高温运行引起绝缘的加速老化。

(6) 变压器的保护装置必须完善可靠，严禁将无保护的变压器投入运行。如因工作需要将保护短时停用时，应有相应的措施，事后立即恢复。

(7) 发生过出口或近区短路的变压器，必须再进行必要的电气试验和检查，以判明变压器中各部件无变形和损坏。

(8) 加强对充油套管油位的检查，如发现充油套管中缺油时，应查找原因并进行补油，对有渗漏油的套管应及时处理。

(9) 加强变压器防火工作，完善变压器的消防设施。

# 任务 4-2　单元机组综合性故障

## 一、锅炉 MFT

### （一）事故现象

（1）事故声、光报警，FSSS 显示 MFT 首出原因。
（2）相应设备、阀门动作。
（3）汽轮机跳闸，机组负荷到 0。
（4）炉膛灭火，火焰监视电视看不到火焰。
（5）炉膛负压、烟道各点负压增大。

### （二）事故原因

（1）手动 MFT。
（2）机组、设备发生故障或误操作导致主保护动作。
（3）热工元件发生故障或保护误动作。
（4）锅炉主保护或机组联锁保护动作。

### （三）事故处理

（1）确认所有进入炉膛的燃料切断，所有磨煤机、给煤机、一次风机、密封风机跳闸，进回油快关阀、各油枪进油角阀关闭。

（2）确认汽轮机跳闸，高中压主汽门、调门、补汽阀、高排逆止阀、各抽汽逆止阀关闭，高压缸通风排汽阀开启，汽轮机转速下降。

（3）汽轮机转速<510 r/min 时，确认顶轴油泵自启动，汽轮机转速<120 r/min 时，确认盘车自动投入，转速在 48～54 r/min。

（4）确认发变组出口开关断开，励磁开关断开。

（5）确认厂用电已切换正常。

（6）监视主汽压力，必要时通过开启锅炉电磁泄压阀来降低主汽压力。

（7）确认过热器、再热器减温水电动阀、调节阀均关闭。

（8）运行吹灰器自动退出，吹灰系统主汽源关闭。

（9）脱硫、脱硝系统退出运行。

（10）检查炉膛压力正常，确认二次风挡板在吹扫位置，调整锅炉总风量大于 30% BMCR，完成炉膛吹扫。如果 MFT 后吹扫未完成，两组送、引风机都跳闸，则 FSSS 发出自然通风信号，通风 15 min 后才能重新启动送、引风机。

（11）确认 2 台汽泵、电泵跳闸。

（12）检查汽轮机油温、油压，轴承金属温度、轴向位移、振动等参数正常。

（13）检查汽轮机防进水保护动作正常。

（14）确认辅汽由相邻机组或启动锅炉供汽压力、温度正常。

（15）检查轴封压力、温度正常。

（16）投入跳闸磨煤机的消防蒸汽，以防着火。

（17）如故障可很快消除或属于误跳，立即做好启动准备。

（18）如故障不能短时间消除，吹扫完成后应尽快停运送、引风机进行闷炉，让锅炉自然冷却。

（19）配合有关人员查找 MFT 原因，故障消除后准备再次启动。

## 二、锅炉 RB

### （一）事故现象

（1）RB 事故声、光报警，显示 RB 原因。

（2）故障跳闸设备状态指示灯闪烁。

（3）部分制粉系统跳闸。

（4）机组负荷快速降到指定负荷。

### （二）事故原因

（1）两台汽动给水泵中一台跳闸。

（2）两台送风机中一台跳闸。

（3）两台引风机中一台跳闸。

（4）两台一次风机中一台跳闸。

（5）两台空预器中一台跳闸。

（6）两台磨煤机连续跳闸。

### （三）事故处理

1. RB 分类与动作结果

（1）一台引风机 RB。机组负荷降至 55%额定负荷，燃料、给水自动降至对应值，机组控制方式自动跳为 TF 方式，对应侧送风机联跳，保留 3 套制粉系统运行（停止制粉系统顺序 F—A—B）。

（2）一台送风机 RB。机组负荷降至 55%额定负荷，燃料、给水自动降至对应值，机组控制方式自动跳为 TF 方式，保留 3 套制粉系统运行（停止制粉系统顺序 F—A—B）。

（3）一台一次风机 RB。机组负荷降至 50%额定负荷，燃料、给水自动降至对应值，机组控制方式自动跳为 TF 方式，保留 3 套制粉系统运行（停止制粉系统顺序 F—A—B）。

（4）一台汽动给水泵 RB。机组负荷降至 50%额定负荷，燃料、给水自动降至对应值，机组控制方式自动跳为 TF 方式，保留 3 套制粉系统运行（停止制粉系统顺序 F—A—B）。

（5）一台空预器 RB。对应侧风机均联跳，按一台一次风机 RB 动作。

（6）两台磨煤机 RB。6 台磨煤机运行时 120 s 内连跳 2 台磨煤机，5 台磨煤机运行时连续跳闸 2 台磨煤机，燃料、给水自动降至对应值，机组控制方式自动跳为 TF 方式。

2. RB 动作后的处理

（1）RB 动作后 5 min 内不得人为干预，5 min 后值班员可根据情况手动对中间点温度进行修正，以加快给水的响应速度。

（2）跳闸磨煤机投入消防蒸汽 3 min 后关闭，检查一次风机的工作情况，如一次风机发生喘振，尽快关小故障一次风机的动叶，消除一次风机的喘振，最终保持 2 台一次风机出力基本一致。

（3）待机组负荷、燃料、给水均降至设定值后 RB 即自动复位。

（4）RB 复位后，将煤水比调至合适值，调整主、再热汽温至额定值。调整主汽压力至当前负荷对应的滑压设定值。机组投入“协调控制”方式。

（5）尽快将跳闸磨煤机启动，以防止磨煤机内的存煤发生自燃造成制粉系统爆炸。

（6）查明 RB 动作原因，如跳闸设备属于误动作，应立即恢复。

（7）如跳闸设备确有故障，将其隔离，通知检修人员处理。

（8）如检查未发现明显故障，可试启一次跳闸设备。

（9）设备故障消除后，尽快恢复机组正常运行方式。

3. 事故处理过程中的注意事项

（1）RB 动作后的 5 min 内，禁止人为干预燃料和给水。

（2）一台空预器、引风机、送风机 RB 时，注意检查运行风机，防止过负荷。

（3）重新投入协调时，注意消除“压力设定”和“温度修正”的偏差。

（4）RB 动作后注意一次风机运行情况，防止发生失速和喘振扩大事故。

（5）燃烧不稳定时，及时投油枪或微油点火装置稳燃。

## 三、发变组保护动作跳闸

### （一）事故现象

（1）事故喇叭响，发变组出口开关跳闸、灭磁开关跳闸。

（2）发电机各表计全部到零。

（3）发出“保护动作”信号报警。

（4）汽轮机跳闸，主汽门、调门关闭，锅炉 MFT 动作。

（5）快切装置动作，厂用电源切换。

### （二）事故处理

（1）检查厂用电自投情况，保证厂用电源的正常运行。

（2）将跳闸开关复位。

（3）检查机组辅机联锁是否动作，按紧急停机处理。

（4）检查保护动作情况判明跳闸原因。

（5）若是外部故障引起跳闸时，在隔离故障点后，全面检查无异常后，可将发电机重新并列。

（6）若是内部故障引起跳闸，则应进行如下检查：

1）对发电机、变压器保护范围内的全部设备进行全面检查。

2）检查发电机、变压器有无绝缘烧焦的气味或其他明显的故障现象。

3）外部检查无问题，应测量发电机定子、转子绝缘电阻是否合格及各点温度是否正常。

4）经上述检查及测量无问题，发电机零起升压试验良好后，经总工程师批准将发电机并列。

5）如发现故障点，应做好措施通知检修人员处理。

（7）当确认为人为误动时，可不经检查将发电机升压并列。

## 四、厂用电中断

### （一）事故现象

（1）锅炉 MFT，汽轮机跳闸，发电机跳闸。

（2）操作界面上所有 6 kV 母线低电压报警，各段母线电压表指示值下降至零。

（3）所有运行的交流电动机停止转动，备用电动机未联动，部分电动门、挡板无法操作，各母线电流表指示到零。

（4）正常交流照明熄灭，事故照明灯亮，控制室变暗。

（5）各直流设备联动。

（6）柴油发电机启动。

### （二）事故原因

（1）机组或电力系统发生故障，同时启备变发生故障或在停运状态。

（2）供电中的备用厂用电源发生故障。

（3）发电机跳闸，备用电源自投未成功。

（4）500 kV 系统发生故障。

### （三）事故处理

1. 电气侧处理要点

（1）发电机跳闸后，应确认 6 kV 厂用工作电源开关、机组出口开关和灭磁开关已自动跳开，否则手动分闸。

（2）迅速确认柴油发电机自启动成功，保安段电源自动恢复。否则手动启动柴油发电机，并恢复保安段电源。

（3）“UPS 电源故障报警”信号发出，确认 UPS 电源自动切换由直流 220 V 系统供电。

（4）保安段电源恢复以后，确认 UPS 系统、直流 220 V 系统、直流 110 V 系统恢复正常运行方式。

（5）在恢复厂用电之前，应对已启动或动作的保护进行复归，对相应设备电源开关状态进行检查和记录，以防来电后自启动和便于厂用电系统的恢复。

2. 汽轮机侧处理要点

（1）检查确认汽轮机高中压主汽门、调门、补汽门、高排逆止门、各抽汽逆止门已关闭，转速下降。

（2）确认主机和小机直流润滑油泵、发电机直流密封油泵均已启动，否则可手动多次强合直至启动，检查主机润滑油压、油氢差压正常，发电机直流密封油泵启动不成功、密封油失去，应立即紧急排氢。

(3) 汽轮机跳闸后闷缸处理，有关疏水阀关闭。手动开启凝汽器真空破坏门，检查关闭可能倒入汽轮机本体的所有汽水阀门。并切断一切进入凝汽器的热水热汽。

(4) 汽轮机惰走期间，应注意倾听机组各部分声音正常，汽轮机的高低压缸振动、轴向位移、转子偏心度应正常，并确认各轴承回油温度下降。严密监视润滑油温度，并注意比较惰走时间。真空到零后停供轴封蒸汽。

(5) 保安电源恢复后，启动交流密封油泵、交流润滑油泵、顶轴油泵、小机交流油泵，停事故直流油泵。汽轮机转速<510 r/min 时，确认顶轴油泵自启动，汽轮机转速<120 r/min 时，确认盘车自动投入，监视盘车转速正常。

3. 锅炉侧处理要点

(1) 确认锅炉 MFT 动作正常，各油枪角阀、燃油（包括微油）快关阀、回油快关阀自动关闭，复位各跳闸辅机。

(2) 确认空预器空气马达自启动，就地倾听空预器转动正常。若不能自启动，应立即就地开启空气马达控制电磁阀的旁路阀，确认空预器已转动。同时应立即检查空预器间隙控制装置，若发现控制电源或动力电源停电，且扇形板处于正常位置以下，应立即设法进行人工提升。空预器无法转动应手动盘车。

(3) 严密监视仪用压缩空气压力。

(4) 保安电源恢复后，应确认火检冷却风机自启动，否则应手动启动。手动启动停机冷却水泵。

(5) 保安电源恢复后，应及时启动送风机、引风机、一次风机、磨煤机、空预器油站。

(6) 通知外围岗位进行厂用电失去的相应处理。

4. 机组恢复注意事项

(1) 厂用电应逐级恢复，恢复前应复归各跳闸设备，解除备用设备联锁。恢复后应全面检查厂用电系统，投入必要的设备联锁保护。

(2) 确认仪用空气系统、辅汽系统等公用系统正常，做好机组启动准备。

(3) 主机直流润滑油泵、发电机直流密封油泵、小机直流润滑油泵停运后投备用。

(4) 厂用电恢复后，尽快投运闭式水泵，恢复闭式冷却水系统运行。

(5) 低压缸排汽温度低于 50 ℃后，方可投入循环水系统。

(6) 启动循环水系统，恢复开式冷却水系统正常运行。

(7) 根据分离器壁温差情况，保持分离器水位和除氧器水温正常。

(8) 注意给水泵泵体上下温差。

(9) 发电机氢气冷却器、闭式冷却水热交换器投运前应进行注水、放气。若发电机未排氢，可投运发电机定子冷却水系统。

(10) 循环水系统投运后恢复高、中压疏水至凝汽器的一次隔离门。

## 五、控制气源失去

### （一）事故现象

（1）操作界面上发出“仪用气压力低”报警。

（2）就地表计、操作界面均显示控制气压下降。

（3）部分气动调节门位置发生变化，失气全开或全关。

（4）气动调节阀、挡板控制失灵。

### （二）事故原因

（1）运行空压机发生故障，各备用空压机自动投不上。

（2）压缩空气管路爆破或控制气系统有关安全阀动作后卡涩不回座。控制系统阀门误关。

（3）干燥器前后压差大、滤网脏堵。

（4）仪用空气系统有关阀门误关。

（5）运行干燥器失效，气中含水遇冷形成冰堵。

### （三）事故处理

（1）控制气压下降时，应立即查明原因，误操作应立即纠正。若运行干燥器差压高，切换至备用干燥器运行。若由于某段管路爆破、泄漏，应在不影响机组安全运行的前提下设法隔离。

（2）当仪用气母管压力低于0.6 MPa，第一备用状态的空压机应自动投入，否则手动投入。若运行空压机电气发生故障或仪用气母管压力低于0.55 MPa，第二备用状态空压机应自投，否则手动投入。

（3）经处理控制气压力无法维持在0.35 MPa以上，应故障停机。

（4）气压恢复前，就地手动调整一些重要调门或旁路手动门，保证除氧器、凝汽器水位等重要参数正常。

（5）控制气压力下降时，应密切监视各运行工况，有关设备均为手动调节。当危及机组安全运行时，应立即紧急停机。

（6）控制气源局部失去时，若危及机组安全运行，应立即紧急停机，并隔离有关阀门，确保相邻机组的安全运行。

（7）在控制气中断后，如关闭型阀门无法关闭，应立即关闭调节阀前后的隔离阀；如全开型阀门无法开启，应立即开其旁路阀，以确保机组安全停运。

（8）停炉、停机后仍应就地操作相应的气动阀门、风门、挡板，防止设备损坏。

（9）当控制气源恢复时，运行人员应手动缓慢调节，待调节偏差消除后方可投入自动。

（10）管道内部结冰时及时联系检修人员，加热管道，同时加强管道排水。

## 六、机组火灾

### （一）事故原因

（1）汽轮机油系统、燃油系统漏油。
（2）制粉系统爆燃或自燃。
（3）电缆发生故障或室内配电装置发生故障。
（4）变压器或互感器发生故障。
（5）氢系统泄漏。
（6）其他原因。

### （二）事故处理

1. 总则

（1）火灾发生后，立即通知消防队，汇报确切的着火地点、火势、燃烧物及大约数量、报警人姓名，并报告当值值长。值长应立即下令采取防止事故进一步扩大的紧急措施，并全面指挥灭火和事故处理。

（2）消防人员未到之前，运行设备着火时，当值值长既是事故处理的指挥者，也是临时灭火指挥者。当检修设备、基建施工安装设备着火时，应由现场检修、施工安装负责人担任临时灭火指挥。其他设备和场所着火时，应由现场负责人担任临时灭火指挥。检修设备和生产区内的基建施工安装设备在工作间断期间着火，仍应由当值值长担任临时灭火指挥。

（3）消防人员到达后，临时灭火指挥权应移交给现场消防队负责人，并交代清楚注意事项，以有利于消防队负责人更好地指挥灭火。此时运行事故处理的指挥仍为当值值长，及时向现场灭火指挥交代设备运行的变化情况及安全注意事项，并了解现场灭火情况，协同灭火。

（4）设法不使火势蔓延，搬开火场周围的易燃品，切断失火地点电气设备电源，用石棉板或铁皮隔绝火源。

（5）电气设备着火时，仅允许熟悉运行方式、并掌握本规程的人员直接参加灭火。

（6）电气设备灭火时，仅准许在熟悉该设备人员的指挥或带领下进行灭火。参加灭火的人员在灭火时应防止被火烧伤或被燃烧物所产生的气体引起中毒、窒息以及防止引起爆炸。电气设备灭火时还应防止触电。

（7）禁止带电灭火。火灾发生后，应立即将着火设备的电源切断，必要时也将邻近带电设备的电源切断后再进行灭火。不得已时，对带电设备应使用干粉灭火器、二氧化碳灭火器或四氯化碳灭火器灭火，不得使用泡沫灭火器灭火。对注油设备应使用泡沫灭火器或干燥的砂子等灭火。地面上的油着火，用干砂灭火。

（8）低压设备上着火，又不能立即停电或火势发展很快，将要危及邻近设备时，则可在停电前使用非导电的四氯化碳或二氧化碳灭火器灭火。但必须做好安全措施，保证安全距离，高压设备不允许带电灭火。

（9）消防人员在得知着火设备确已停电后，方可进行灭火，禁止消防人员在灭火中乱动其他设备。

（10）消防人员需要进入高压室或配电间时，应得到值班人员的许可，并由值班人员陪同进入。

2. 炉前燃油系统着火处理

（1）首先彻底隔绝燃油系统与着火部位的联系，并用干粉灭火器或泡沫灭火器、石棉布灭火，地面着火还可以用砂子灭火。

（2）如因投油后油枪漏油引起着火，应立即退出该油枪运行，并关闭其油角阀及手动截门。

（3）如果燃油管道漏油引起着火或其他地方着火，火势威胁到燃油系统，应立即停止供油泵并关闭其进出口门，并通过排污门将燃油管道存油放掉。

3. 煤粉着火处理

（1）对于制粉系统内部着火，首先紧急停运该套制粉系统，然后使用消防蒸汽进行灭火。

（2）空预器内部着火，应将空预器烟风侧隔离，使用吹灰蒸汽进行灭火，不能扑灭时可采用消防水灭火。

（3）空预器着火处理过程中应保持空预器处于转动状态。

4. 汽轮机油系统着火处理

（1）汽轮机油系统着火应用干粉灭火器、泡沫灭火器、石棉布灭火，但不准用水和砂子（地面着火可以用砂子）。当火势不能很快扑灭，严重威胁设备安全时，应破坏真空紧急停机。

（2）火势威胁主油箱或油系统时，在破坏真空紧急停机的同时，开启主油箱事故放油门，但放油速度应适当。转子静止前，要维持润滑油泵运行，油箱油位保持低限，保证使汽轮机静止前润滑油不中断，防止汽轮机断油烧瓦。

（3）油系统着火威胁到发电机氢系统时，在破坏真空紧急停机的同时，发电机进行事故排氢。

5. 发电机着火处理

（1）立即按下“发电机紧急停机”按钮，检查发变组出口开关、灭磁开关分闸，厂用电自动切换成功。同时迅速打开排氢门向机房外排氢，同时向发电机内充二氧化碳。

（2）拉开发变组出口刀闸，将 6 kV 厂用工作电源开关停电。

（3）维持发电机转速 300~500 r/min，灭火时，发电机转子不能停转。

（4）保证定子冷却水系统正常运行，直到灭火完毕。

（5）发电机外部或附近着火，应迅速用四氯化碳或二氧化碳灭火器灭火。

6. 变压器着火处理

（1）主变着火，如果保护未动作跳闸，应汇报值长，将发电机解列，立即手动断开各侧开关，拉开发变组出口刀闸，停止冷却装置运行，并断开其电源。立即通知消防人员启动水喷雾灭火装置。

（2）变压器防爆门已破裂，设备已停电，仍有大量喷放出的油和烟气，并且瓦斯继电器动作，则表明变压器内部着火，此时严禁将事故放油门打开，以防变压器爆炸。若变压器顶盖着火，则通知检修人员打开事故放油门放油，避免火灾蔓延。如电源已断开，喷油和烟气逐渐减少，则不必打开阀门。

(3) 若放出的油着火，可用砂子和泡沫灭火器灭火，不能用水灭火。

(4) 采取措施将其与相邻设备隔离，防止火势蔓延，受火势威胁或影响灭火的带电设备应停电。

(5) 若是变压器外部着火，应立即切断电源，用四氯化碳、二氧化碳灭火器灭火，如高厂变或启备变外部着火，应立即断开各侧开关，然后启动自动喷雾灭火装置。

(6) 将跳闸变压器各侧开关解备，投入备用变压器运行。

(7) 整个灭火工作在运行人员断开电源后，可由消防人员灭火，但运行人员应监护并参加灭火工作。

7. 电动机着火处理

(1) 立即断开电源，汇报值长。

(2) 停运通风装置，但不要停冷却水源。

(3) 可用四氯化碳、二氧化碳灭火器灭火，不得使用砂子和泡沫灭火器灭火，必要时可用水灭火。

(4) 电机用水灭火时，为防止冷却不均匀而使电机转子变形，禁止将大股水流向电动机浇注，应使用喷射散开的雾状水珠灭火。

8. 蓄电池着火处理

(1) 立即切换直流母线，拉开相应蓄电池出口刀闸。

(2) 用泡沫灭火器、二氧化碳灭火器或水进行灭火。

(3) 扑救火灾时，应注意不让硫酸溅到身上，烧伤人身。

(4) 进入蓄电池室内救火，除戴胶皮手套外，还应戴防毒面具，并穿绝缘靴。

(5) 若蓄电池室门、窗着火，应停用通风机，也可按具体情况让通风机运行，以排除有害气体。

9. 仪表及继电器着火处理

(1) 断开相应二次回路电源，停用故障保护。

(2) 用四氯化碳、二氧化碳灭火器灭火。

(3) 禁止使用泡沫灭火器灭火。

10. 互感器着火处理

(1) 立即断开电源，取下其一、二次保险。

(2) 改变继电保护及自动装置的运行方式。

(3) 若着火设备为干式，可用四氯化碳、二氧化碳或干粉灭火器灭火。

(4) 若着火设备为油浸式，可用泡沫灭火器灭火。

11. 电缆夹层或电缆沟着火处理

(1) 立即断开着火区域电源。

(2) 使用四氯化碳、二氧化碳、干粉灭火器灭火。禁止使用泡沫灭火器和水灭火。

(3) 在电缆沟内或室内灭火人员，应戴防毒面具、胶皮手套，穿绝缘靴。

(4) 灭火时，严禁用手摸不接地金属或触动电缆钢架或移动电缆。

(5) 受火焰威胁的相邻敷设电缆也应停电。

(6) 火焰扑灭后，打开所有通风装置，排除有害气体。

## 七、DCS 故障

（1）当有一台操作员站发生故障时，运行人员使用其他的操作员站继续监控，立即汇报值长，稳定工况，减少不必要的操作。通知热控人员到现场处理。

（2）当有两台或两台以上的操作员站发生故障时，运行人员应尽量减少不必要的操作，使用其他操作员站进行监控，通知热控人员到现场处理。并立即汇报值长，请示调度，解除 AGC，尽量保持负荷稳定。同时立即派专人对重要系统进行就地监视及控制。

（3）当全部操作员站发生故障，机组停运时应按照以下规定执行：

1）立即请示相关领导和调度准备机组停运，机组停运前将公用系统倒由邻机供给，加强机组本体运行参数、运行状况、润滑油、密封油、氢系统运行参数和设备运行情况的检查监视。

2）采用手动 MFT 方式使机组停运，机组停运后若各系统运行情况正常则汽轮机不破坏真空，维持凝汽器压力在 30 kPa 以下，就地监视汽门关闭和机组转速下降情况是否正常，机组润滑油和密封油系统运行参数是否正常，同时做好汽轮机或发电机不联停的手动停止汽轮机和解列发电机的操作分工和预想。并安排人员做好锅炉 MFT 后各设备、阀门联动的检查和就地操作准备，尤其是六大风机、给水泵在停炉后的就地停运，以及就地启动顶轴油泵的检查和准备。

3）停炉通风吹扫后，由两人持对讲机分别到 A/B 引风机就地事故按钮处，得到命令后同时用事故按钮停止两台引风机，检查确认两台送风机联锁停止。风机停止后联系安全技术部配合关闭所有烟风挡板闷炉。

4）必须加强机组润滑油、密封油、小机润滑油系统运行检查监视，并做好异常情况下就地启动油泵的准备和分工。

5）全部操作员站故障停机后，确认凝结水泵再循环门开启，就地关闭除氧器上水电动门和旁路门以及除氧器供汽电动门和旁路门，注意监视除氧器、凝汽器水位变化，防止出现除氧器、凝汽器满水和缺水现象。

6）全部操作员站故障停机，应就地检查确认发变组高压侧开关、灭磁开关和 6 kV（A、B、C 段）工作电源开关应跳闸，6 kV（A、B、C 段）备用电源开关应联动合闸成功，厂用电系统运行正常。

7）就地检查确认发变组开关未跳闸时，值班员在集控室控制盘上，立即按下“发电机紧急解列停机”按钮，使发电机跳闸，6 kV（A、B、C 段）备用电源开关应联动合闸成功。

8）当发电机跳闸或打闸后，如厂用电备用电源联动不成功而失电，就地检查柴油发电机自动联启向保安段母线供电正常，否则，立即在集控室控制盘上远方手动启动柴油发电机一次。

9）柴油发电机自启动或远方手动启动不成功时，就地检查无异常时就地手动启动柴油发电机一次向保安段送电，不成功则通知安全技术部电气一、二次人员迅速到现场检查处理，处理好后恢复向保安段送电。

# 任务 4-3　锅炉典型事故

锅炉常见的事故主要有：锅炉主蒸汽压力异常、燃烧事故，水位事故，制粉系统事故，承压部件爆管及损坏，空气预热器低温腐蚀、堵灰，省煤器的磨损、泄漏，锅炉辅助设备事故，等等。

## 一、锅炉主蒸汽压力异常

### （一）事故现象

（1）主蒸汽压力偏离当前负荷对应正常值。

（2）主蒸汽沿程温度可能异常。

（3）机组负荷可能降低。

（4）主蒸汽安全门、高旁就地有泄漏声，高旁减温器后温度高。

（5）如主蒸汽系统泄漏，四管泄漏监测装置发报警信号，就地可能听到泄漏声。

（6）主蒸汽流量可能不正常低于给水流量。

### （二）事故原因

（1）主蒸汽安全门、PCV 阀启座或严重内漏造成主蒸汽压力低。

（2）高旁误开或严重内漏造成主蒸汽压力低。

（3）高压自动主汽门或高压调门发生故障，不正常开大或关小。

（4）主蒸汽系统严重泄漏。

### （三）事故处理

（1）PCV 阀误动启座，应立即手动强制回座，强制回座无效或严重内漏无法恢复正常，关闭手动门。

（2）高旁误开造成主蒸汽压力低，应立即手动关闭，手动关闭无效应到就地强制关闭后查找原因进行处理。

（3）高旁就地强制关闭无效或内漏严重无法处理，应请示停机处理。

（4）高压自动主汽门或高压调门发生故障，不正常开大或关小，联系检修人员进行处理，经处理仍不能恢复正常，请示停机处理。

（5）主蒸汽系统严重泄漏按“过热器损坏”进行处理。

## 二、锅炉主蒸汽温度异常

### （一）事故现象

（1）操作界面上主蒸汽温度异常报警。

（2）一、二、三级减温水调节门全开或全关。

（二）事故原因

（1）机组协调发生故障或手动调节不及时造成煤-水比严重失调。
（2）炉膛工况发生大幅度扰动。
（3）给水系统发生故障，给水调节品质差。
（4）炉膛严重结焦或积灰。
（5）炉膛结焦和积灰严重情况下进行吹灰。
（6）煤质严重偏离设计值。
（7）减温水阀门发生故障。
（8）主蒸汽系统受热面或管道严重泄漏。

（三）事故处理

（1）机组协调故障造成煤-水比失调，应立即解除协调，根据当前需求负荷决定调整燃料量或给水量。为防止加剧系统扰动，当煤-水比失调后应尽量避免煤和水同时调整。当煤-水比调整相对稳定后再进一步调整负荷。

（2）炉膛工况发生大幅度扰动，控制系统工作在协调状态，主蒸汽温度在自动控制方式，值班员应密切注意协调和自动的工作状况，尽量不要手动干预。当协调和自动工作不正常，值班员应果断地将协调和自动切换为手动进行调整。

（3）对于给水系统故障，控制系统工作在协调状态，主蒸汽温度在自动控制方式，值班员应密切注意协调和自动的工作状况，尽量不要手动干预。当协调和自动工作不正常，值班员应果断地将协调和自动切换为手动进行调整。

（4）炉膛严重结焦和积灰造成主蒸汽温度异常，应及时进行炉膛和受热面吹灰，当吹灰器不能正常投入或吹灰器投入后仍不能清除结焦和积灰，可对给水控制系统的中间点温度进行修正或将给水控制切换为手动控制。经过吹灰和调整仍不能使主蒸汽温度恢复正常并且受热面金属温度存在超温，应申请停炉处理。

（5）炉膛结焦和积灰严重的情况下进行吹灰，吹灰时应密切监视受热面温度的变化和自动的跟踪情况，必要时可适当调整主蒸汽温度设定值，防止主蒸汽温度超限。自动跟踪不正常时应将其切换为手动进行调整。

（6）当煤质发生变化时，集控值班人员根据情况制定相应的燃煤混烧措施和对燃烧情况进行调整。

（7）对于减温水阀门故障，应将相应的减温水调门自动切换为手动并适当降低主蒸汽温度运行，必要时可对给水控制系统的中间点温度进行修正或将给水控制切换为手动控制，适当降低升、降负荷速度，防止主蒸汽超温，及时对故障的减温水阀门进行检修处理。

（8）主蒸汽系统受热面或管道严重泄漏，应及时停炉处理，在维持运行期间如协调和主蒸汽温度自动不能正常工作，应将其切换为手动调整，并适当降低主蒸汽温度运行。如受热面或管道泄漏严重造成主蒸汽温度和受热面金属温度严重超温经调整无效，应立即停止锅炉运行。

（9）如再热蒸汽参数无法控制，达到故障停机条件时，应请示停机。

## 三、锅炉再热蒸汽温度异常

### （一）事故现象

（1）再热蒸汽温度超限报警。
（2）事故减温水全开或全关。

### （二）事故原因

（1）炉膛工况发生大幅度扰动，再热蒸汽自动跟踪不好或手动调节不及时。
（2）炉膛严重结焦或积灰。
（3）炉膛结焦和积灰严重情况下进行吹灰。
（4）煤质严重偏离设计值。
（5）事故减温水阀门发生故障。
（6）喷燃器损坏、风门挡板损坏或炉膛配风不合理。
（7）燃烧器摆动机构发生故障。
（8）尾部烟气挡板异常。

### （三）事故处理

（1）炉膛工况发生大幅度扰动（如发生 RB 或一台以上制粉系统发生跳闸），再热蒸汽温度在自动控制方式，值班员应密切注意自动的工作状况，尽量不要手动干预。当自动工作不正常，值班员应果断地将自动切换为手动进行调整。

（2）当炉膛严重结焦和积灰造成再热蒸汽温度异常，应及时进行炉膛和受热面吹灰，当吹灰器不能正常投入或吹灰器投入后仍不能清除结焦和积灰，事故减温水调门全开或全关，经燃烧调整仍不能使再热蒸汽温度恢复正常，并且受热面金属温度存在超温，应申请停炉处理。

（3）如在炉膛结焦和积灰严重的情况下进行吹灰，吹灰时应密切监视受热面温度的变化和自动的跟踪情况，必要时可适当降低再热蒸汽温度设定值，防止再热蒸汽温度超限。自动跟踪不正常应将其切换为手动进行调整。

（4）当煤质发生变化时，燃料人员应提前通知集控运行人员，并根据情况制定相应的燃煤混烧措施和对燃烧情况进行调整。

（5）对于燃烧器摆动机构或事故减温水阀门故障，应将再热蒸汽温度自动切换为手动，并适当降低再热蒸汽温度运行。适当降低升、降负荷速度，防止再热蒸汽超温。及时对故障的燃烧器摆动机构、减温水阀门进行检修处理。

（6）喷燃器损坏、风门挡板损坏或炉膛配风不合理，应及时对损坏的喷燃器和风门挡板进行处理，故障设备未处理完之前应适当降低再热蒸汽温度运行，适当降低升、降负荷速度，防止再热蒸汽温度超限。

（7）配风不合理，应对炉膛配风进行调整。

（8）如蒸汽参数无法控制，达到故障停机条件时应请示停机。

## 四、锅炉给水流量低

### （一）事故现象

（1）给水流量降低，给水压力降低。
（2）主蒸汽流量及机组负荷下降。
（3）锅炉受热面工质温度上升。
（4）给水流量、主蒸汽温度超限报警，给水泵跳闸或调节系统发生故障等报警。

### （二）事故原因

（1）给水泵跳闸，控制系统跟踪不良或运行给水泵出力不满足当前给水流量需要。
（2）给水管道、高加严重泄漏。
（3）高加、给水阀门发生故障。
（4）给水自动控制失灵。
（5）机组负荷骤减或其他原因造成汽动给水泵汽源压力下降或中断。

### （三）事故处理

（1）负荷高于50%给水泵跳闸，RUNBACK 发生应密切监视自动控制系统的工作情况，尽量不要手动干预。控制系统工作不正常应果断将自动控制切换为手动，将运行给水泵出力加至最大，同时降低制粉系统出力或停止部分制粉系统（运行制粉系统多于 3 台时应保持 3 套制粉系统运行）。负荷低于 50%给水泵跳闸，自动控制系统工作不正常，立即切除运行给水泵自动，将运行泵给水流量增加至负荷对应的给水流量。

（2）给水管道泄漏，锅炉给水能维持正常运行，应根据情况适当降低机组负荷并调整煤-水比正常后请示停机处理。高加泄漏应立即切除高加运行，根据给水温度降低情况逐渐降低给水流量。当给水管道或高加泄漏威胁设备及人身安全时，应立即停止机组运行。

（3）高加、给水阀门发生故障，如给水流量高于保护动作值，应立即将负荷降低至对应给水流量负荷，机组运行稳定后联系检修人员进行处理。如运行中无法对故障阀门进行处理，应请示停炉处理。

（4）给水自动装置工作不正常，应立即将自动切至手动，手动操作调节给水泵转速，维持给水流量正常后联系热工人员对自动控制系统进行处理。

（5）机组负荷骤减或其他原因造成汽动给泵汽源压力下降或中断，当给水流量未达保护动作值时，应立即恢复厂用汽压力，同时迅速调整给水流量或减少燃料量，维持煤-水比正常，确保锅炉沿程温度正常；当给水流量低于保护动作值、中间点温度达保护动作值保护拒动或锅炉受热面严重超温不能立即恢复至正常值时，应立即手动 MFT。

## 五、锅炉汽水分离器出口温度高

### （一）事故现象

（1）汽水分离器出口温度达到报警值，发报警信号。

（2）汽水分离器出口温度达到保护动作值，MFT保护动作。

### （二）事故原因

（1）机组协调运行不正常，值班员手动调整不及时造成煤-水比严重失调。

（2）给水泵跳闸或其他原因造成RUNBACK，控制系统自动跟踪不好或手动调整不好造成煤-水比严重失调。

（3）机组升、降负荷速度过快，协调跟踪不良或手动调整不好。

（4）热负荷变化过大。

（5）一次风机失速恢复时。

（6）炉膛严重结焦和积灰、煤质严重偏离设计值、燃烧系统非正常工况运行。

### （三）事故处理

（1）机组协调故障造成煤-水比失调，应立即解除协调，根据汽水分离器温度上升速度和当前需求负荷，迅速降低燃料量或增加给水量。为防止加剧系统扰动，当煤-水比失调后应尽量避免煤和水同时调整，当煤-水比调整相对稳定后再进一步调整负荷。

（2）给水泵跳闸或其他原因造成RUNBACK，造成分离器温度高，应注意RB动作是否正常，RB动作不正常时及时手动调整，防止分离器温度超限。

（3）机组升、降负荷速度过快，应适当将升、降负荷速度降低。在手动情况下升、降负荷时，为防止分离器温度高，应注意监视分离器温度变化，并控制燃料增减的速度。大范围升、降负荷应分阶段进行调整，当一阶段调整结束，受热面和分离器温度相对稳定后再进行下一阶段的调整。

（4）当锅炉启动过程中或制粉系统跳闸等原因需要投入油枪时，应注意油枪连续投入的速度不能过快，防止分离器温度升高。

（5）炉膛严重结焦和积灰、煤质严重偏离设计值、燃烧系统非正常工况运行等原因，造成炉膛辐射传热和对流传热比例发生变化，超出协调系统设计适应范围，可对给水控制系统的中间点温度进行修正或将给水控制切换为手动控制。及早清理炉膛和受热面的结焦和积灰，当燃煤发生变化时，燃料人员要提前通知运行人员制定相应的措施调整燃烧，及早恢复制粉系统正常工况运行。

## 六、水冷壁泄漏

### （一）事故现象

（1）四管泄漏检测装置报警。

（2）就地检查可能听到炉膛内有泄漏声，如果炉膛外泄漏能看到泄漏处冒汽、冒水。

（3）给水流量不正常地大于蒸汽流量，机组负荷降低。

（4）泄漏点后沿程温度升高，过热器减温水调节门不正常开大。

（5）水冷壁严重泄漏可能造成燃烧不稳、炉膛压力变正、引风机电流增大，特别严重时可能造成炉膛灭火。

（6）电除尘可能工作不正常，除灰管道、空预器可能堵灰。

（二）事故原因

（1）水冷壁管材质存在缺陷或后期制造、安装对管材产生损伤。

（2）给水品质长期不合格或局部热负荷过高，使水冷壁管内结垢严重，造成管材腐蚀减薄或超温爆管。

（3）部分水冷壁管内部存在杂物堵塞、水冷壁管焊口错位、水动力工况不正常等原因造成管内质量流量低，喷燃器损坏、配风不合理、炉膛严重结焦等原因造成炉膛局部热负荷高，上述原因造成部分水冷壁管内工质流量与管外热负荷不相适应，造成管壁超温爆管。

（4）炉膛内热负荷不均或水动力工况不正常造成水冷壁管间温差过大，炉膛膨胀受阻，锅炉冷却和升温速度过快造成应力撕裂水冷壁管。

（5）水冷壁吹灰器位置不正确，疏水未疏尽，吹损管壁。

（6）炉膛内大块焦渣脱落，砸坏水冷壁管或炉膛发生严重爆炸，使水冷壁管损坏。

（三）事故处理

（1）水冷壁泄漏不严重，给水流量能够满足机组负荷需要，各水冷壁金属温度不超温，管间温差在允许范围，注意监视各受热面沿程温度和水冷壁金属温度，及时汇报并密切关注泄漏情况的发展，做好停炉停机准备。

（2）在水冷壁泄漏处增设围栏并悬挂标示牌，防止汽水喷出伤人。

（3）若泄漏严重，爆破点后工质温度急剧升高或管间温度偏差超过允许值无法维持正常运行时，应立即手动 MFT。

（4）注意电除尘的工作情况，加强巡视检查，防止电除尘电极积灰和灰斗、管道及空预器等堵灰。

（5）停炉后，应保留送、引风机运行，待不再有汽水喷出后再停止送、引风机运行。

## 七、省煤器泄漏

（一）事故现象

（1）四管泄漏检测装置报警。

（2）就地检查可能听到省煤器部位有泄漏声，如果泄漏严重省煤器灰斗不严密处冒汽、冒水。

（3）省煤器、空预器、电除尘器灰斗、仓泵、输灰管道可能堵灰，空预器可能积灰，电除尘可能工作不正常。

（4）给水流量不正常地大于蒸汽流量，机组负荷降低。

（5）泄漏点后沿程温度升高，减温水调节门不正常开大。

（二）事故原因

（1）省煤器管材质存在缺陷或后期制造、安装对管材产生损伤。

（2）省煤器防磨瓦安装位置不正确、掉落过多、检修周期过长造成管壁磨损减薄爆管。

（3）给水品质长期不合格，管材腐蚀减薄造成爆管。
（4）省煤器处发生再燃烧造成省煤器管超温损坏。
（5）省煤器吹灰器位置不正确，疏水未疏尽，吹损管壁。

### （三）事故处理

（1）省煤器泄漏不严重，给水流量能够满足机组负荷需要，各水冷壁金属温度不超温，应注意监视各受热面沿程温度，及时汇报并密切关注泄漏情况的发展。做好停炉准备。
（2）在省煤器人孔、灰斗处增设围栏并悬挂标示牌，防止汽水喷出伤人。
（3）若泄漏严重，爆破点后工质温度急剧升高无法维持正常运行时，应立即手动 MFT。
（4）注意监视除灰系统和空预器的工作情况，加强巡视检查，如除灰系统或空预器堵灰严重，电除尘器无法正常工作，应请示停炉处理。
（5）停炉后，应保留送、引风机运行，待不再有汽水喷出后再停止送、引风机运行。

## 八、过热器泄漏

### （一）事故现象

（1）四管泄漏检测装置报警。
（2）就地检查可能听到过热器部位有泄漏声。
（3）电除尘可能工作不正常，除灰系统、空预器可能堵灰。
（4）给水流量不正常地大于蒸汽流量，机组负荷降低。
（5）泄漏点后沿程温度升高或减温水调节门不正常开大。

### （二）事故原因

（1）过热器管材质存在缺陷或后期制造、安装对管材产生损伤。
（2）过热器管外飞灰磨损造成管壁磨损减薄爆管。
（3）蒸汽品质长期不合格，管内积盐造成管材长期超温爆管。
（4）制粉系统运行方式不合理造成炉膛热负荷不均或设计不当、部分吹灰器损坏，管屏积灰不一致、管屏间距支撑或管卡损坏造成管屏或部分管子出列使过热器产生热偏差，部分过热器管长期超温爆管。
（5）过热器管内杂物堵塞或焊口错位造成通流量低，管材超温爆管。
（6）协调、过热器自动跟踪不良或过热器长期超温运行造成长期超温爆管。
（7）运行不当造成过热器进水或过热器严重超温造成短期超温爆管。
（8）过热器吹灰器位置不正确，疏水未疏尽，吹损管壁。

### （三）事故处理

（1）过热器泄漏不严重，泄漏点后沿程温度能维持正常运行，应及时汇报并关注泄漏情况的发展，必要时降低机组负荷运行。为防止泄漏点吹损其他管屏或相邻管流量降低超温损坏应及早安排停炉处理。

（2）如过热器爆管，泄漏点后温度急剧升高无法维持正常运行，或相邻管金属温度严重超过允许温度，应立即停炉处理。

（3）在过热器泄漏不严重维持运行期间，在泄漏点人孔、检查孔处增设围栏并悬挂标示牌，防止蒸汽喷出伤人。

（4）维持运行期间注意监视除灰系统和空预器的工作情况，加强巡视检查，如除灰系统或空预器堵灰严重，电除尘器无法正常工作应请示停炉处理。

（5）停炉后，应保留送、引风机运行，待不再有汽水喷出后再停止送、引风机运行。

### 九、再热器泄漏

#### （一）事故现象

（1）四管泄漏检测装置报警。

（2）就地检查可能听到再热器部位有泄漏声。

（3）电除尘可能工作不正常，除灰系统、空预器可能堵灰。

（4）机组负荷降低。

（5）泄漏点后沿程温度升高或烟气挡板开度不正常。

#### （二）事故原因

（1）再热器管材质存在缺陷或后期制造、安装对管材产生损伤。

（2）再热器管外飞灰磨损造成管壁磨损减薄爆管。

（3）蒸汽品质长期不合格，管内积盐造成管材长期超温爆管。

（4）制粉系统运行方式不合理、炉膛热负荷不均或设计不当、部分吹灰器损坏，管屏积灰不一致、管屏间距支撑或管卡损坏造成管屏或部分管子出列使再热器产生热偏差，部分再热器管长期超温爆管。

（5）再热器管内杂物堵塞或焊口错位造成通流量低，管材超温爆管。

（6）协调、再热器自动跟踪不良或维持再热器长期超温运行造成长期超温爆管。

（7）事故减温水使用不当造成再热器进水或再热器严重超温造成短期超温爆管。

（8）锅炉启动期间再热器干烧，烟气温度超过再热器管材许用温度超温损坏。

（9）再热器吹灰器位置不正确，疏水未疏尽，吹损管壁。

#### （三）事故处理

（1）再热器泄漏不严重，泄漏点后沿程温度能维持正常运行，应及时汇报并关注泄漏情况的发展，必要时降低机组负荷运行。为防止泄漏点吹损其他管屏或相邻管流量降低超温损坏，应及早安排停炉处理。

（2）如再热器爆管，泄漏点后温度急剧升高无法维持正常运行或相邻管金属温度严重超过允许温度，应立即停炉处理。

（3）在再热器泄漏不严重维持运行期间，在泄漏点人孔、检查孔处增设围栏并悬挂标示牌，防止蒸汽喷出伤人。

（4）维持运行期间注意监视除灰系统和空预器的工作情况，加强巡视检查，如除灰系统或空预器堵灰严重，电除尘器无法正常工作应请示停炉处理。

（5）停炉后，应保留送、引风机运行，待不再有汽水喷出后再停止送、引风机运行。

## 十、尾部烟道二次燃烧

### （一）事故现象

（1）锅炉空预器入口烟气温度或排烟温度急剧升高超过正常值。

（2）热风温度急剧升高超过正常值。

（3）空预器二次燃烧时空预器红外线热点监测报警，并且空预器入口烟气温度和出口热风温度差降低甚至为负值。

（4）炉膛负压急剧波动。

（5）省煤器处再燃烧，省煤器出口给水温度不正常升高。

（6）再燃烧点附近人孔、检查孔、吹灰孔等不严密处向外冒烟和火星，烟道、省煤器或空预器灰斗、空预器壳体可能会过热烧红，再燃烧点附近有较强热辐射感。

### （二）事故原因

（1）磨煤机煤粉细度过粗、煤粉均匀度差、炉膛配风不合理、喷燃器损坏、炉膛氧量维持过低、省煤器和空预器灰斗堵塞发现不及时、省煤器和空预器长期不吹灰等原因，造成尾部烟道积聚煤粉。

（2）锅炉启动燃油时间过长并且油枪雾化不好、锅炉长时间煤油混烧或部分油枪控制阀内漏发现不及时、油枪配风不合理、省煤器和空预器长时间不吹灰等原因造成尾部受热面积聚油垢和煤粉。

（3）尾部烟道人孔、检查孔或烟道不严密，空预器密封装置工作不正常造成尾部烟道漏风严重。

（4）锅炉停炉前没有进行受热面全面吹灰。

（5）锅炉烟风挡板关闭不严密，造成停炉后烟道内有空气流通。

### （三）事故处理

（1）锅炉运行中发生尾部烟道二次燃烧，应立即停止锅炉运行，立即停止送、引风机运行，并关闭所有烟风挡板。

（2）强制投入再燃烧点区域的蒸汽吹灰器进行灭火。

（3）省煤器处再燃烧，启动电动给水泵以 150 t/h 的流量进行上水冷却。

（4）空预器受热面再燃烧，空预器能正常运行，提升扇形密封板，保持空预器正常运行。空预器发生卡涩，主驱动马达和辅助驱动马达跳闸，投入气动马达盘车，气动马达跳闸联系检修人员连续手动盘动空预器转子。投入空预器消防蒸汽进行灭火，如着火严重投入空预器消防水进行灭火。

（5）当省煤器出口给水温度接近入口温度（省煤器处再燃烧处理后），空预器入口烟气温度、排烟温度、热风温度降低到 80 ℃以下，各人孔和检查孔不再有烟气和火星冒出后停止蒸汽吹灰或消防水。打开人孔和检查孔检查确认再燃烧熄灭后，开启烟道排水门排尽烟道内的积水后开启烟风挡板进行通风冷却。

（6）炉膛经过全面冷却，进入再燃烧处检查确认设备无损坏，受热面积聚的可燃物彻底清理干净后方可重新启动锅炉。

## 十一、过、再热器管壁超温

### （一）事故现象

（1）过、再热器管壁金属温度高于正常值。

（2）过、再热器管壁金属温度存在偏差。

### （二）事故原因

（1）制粉系统运行方式不合理、炉膛热负荷不均或设计不当、部分吹灰器损坏，管屏积灰不一致、管屏间距支撑或管卡损坏造成管屏或部分管子出列、炉膛严重结焦造成过、再热器产生热偏差。

（2）过、再热器管内结垢造成管壁超温。

（3）过、再热器管内杂物堵塞或焊口错位或管道泄漏造成通流量低。

（4）协调、过热器、再热器自动跟踪不良或维持过、再热器管内蒸汽温度超温运行造成管壁超温。

### （三）事故处理

（1）尽量维持制粉系统正常方式运行，如部分制粉系统检修不能投入运行，应通过调整配风和各制粉系统的出力使炉膛热负荷趋于均匀，经过调整仍不能使金属温度降至正常值以下，应降低主、再热蒸汽温度运行。

（2）加强水冷壁、过热器蒸汽吹灰，吹灰器损坏应及时处理投入运行。

（3）加强化学监督，如锅炉运行时间过长，过、再热器管内积盐严重，应降低过、再热蒸汽温度运行。

（4）如部分过、再热器管壁超温，应适当降低蒸汽温度运行并在锅炉停炉时安排割管检查。

## 十二、锅炉辅助设备及系统故障

### （一）风机故障

锅炉的各类风机（引风机、送风机、排粉风机）的工作条件不同，发生故障的情况也不同。引风机输送的是含有飞灰而且温度较高的烟气，工作条件比较恶劣；送风机输送的是清洁空气，故障较少；排粉风机输送的是含有煤粉的空气，叶片容易磨损。这里主要介绍引风机的故障，在一定程度上，同理也适用于送风机和排粉风机。引风机在运行中发生事故必须及时抢修。抢修时必须保持周围环境清洁干净。引风机的主要故障是振动过大和轴承温度过高，严重时还会发生叶片飞出和烧坏轴承等事故。

1. 引风机发生故障时的现象

（1）振动或窜轴。振动的同时也可能发生异声和撞击；有时也会出现转子与外壳摩擦或引风机轴与外壳轴封相碰的现象，用振动表测量振动时，数值已超过允许值的范围。

（2）轴承温度过高。轴承温度超过正常允许值，用手摸轴承盖时，会感到烫手。

（3）外壳泄漏。引风机压力侧外壳漏灰或负压侧外壳漏风等。

2. 引风机故障的原因及预防措施

（1）振动。检修时静平衡或找中心不准确；运行中焊在叶轮上的平衡块脱落；引风机叶片因磨损、腐蚀、积灰严重，失去平衡（严重时会造成引风机叶片飞出事故）；轴瓦磨损而使轴与轴瓦间的间隙过大；叶轮变形，叶轮轴孔与轴间有间隙而松动；两侧进风时，两侧挡板调节不一致或某侧烟道堵灰，以致两侧进风相差过多；引风机与烟道共振，轴承的螺栓或地脚螺栓的螺母松动；轴承支架不牢固等。预防措施：应提高引风机安装检修质量，做好叶轮的平衡试验；运行中注意引风机的异常变化；两侧进风时，注意两侧挡板调节一致；预防烟道堵灰。

（2）轴承温度过高。轴承安装、检修质量差，如轴与轴承安装不正，轴瓦间隙过小，轴与轴瓦接触不良，轴瓦有缺陷，引风机轴与电动机轴不同心等；油质低劣或缺油，如润滑油质不良（变质或黏度不符合要求），油位过高、过低或缺油等；冷却水不畅通或中断；引风机振动过大；排烟温度过高等。预防措施：采用规定的润滑油，保证冷却水畅通；严把轴承安装、检修质量；注意润滑油油位的高低；防止排烟温度过高。

（3）外壳泄漏。引风机外壳漏风、漏灰是飞灰长期磨损的结果。运行时应提高除尘器的效率，减少飞灰对引风机叶轮和外壳的磨损；对易磨损的地方还可加防磨措施，如外壳内装设铸铁或铸石防磨瓦，叶片采用耐磨材料等。

3. 引风机故障的处理

引风机出现异常振动后首先应检查引风机内有无摩擦和不正常的声音；引风机和电动机的轴承是否发热，有无撞击，螺母是否松动等；引风机两侧挡板开度是否对称，两侧负压相差是否偏大等。

（1）当引风机发生振动、摩擦和撞击，但还没有发展到危险的程度时，应降低引风机出力并加强监视；如果振动、摩擦和撞击加剧，则应停运引风机，设法消除故障。

（2）如果轴承温度高于规定的控制值，应检查轴承内油量是否充足，是否清洁，冷却水是否畅通；若加油或换新油或增大冷却水后，温度仍继续升高，则应停止引风机，消除故障。

（3）当引风机发生剧烈振动、撞击或摩擦，而且轴承温度超过规定的温度，且继续升高时，应立即借助事故按钮停止引风机运行。此时应该以手指按住事故按钮不放，以防监盘人员重合闸，使事故扩大。

（4）如果锅炉设置有两台引风机，其中一台运行，一台备用。当运行中一台有故障时，应立即停用故障引风机，投入备用引风机。如果两台引风机同时运行，其中一台有故障，应尽可能增加另一台出力，停用故障引风机；若不能满足负荷要求，则应降低锅炉负荷。全部引风机停止运行，而且没有立即启动的可能，则按正常程序停止锅炉运行。

（5）如果引风机故障跳闸，而在跳闸前未见异常时，跳闸后可重合闸一次，若重合闸成功且联锁可靠，可按正常次序启动其他转动机械。

## (二) 制粉系统故障

### 1. 制粉系统自燃

制粉系统发生自燃时，检查门处发现火星；自燃管壁温度升高，甚至暗红；煤粉温度升高；制粉系统负压变正压；炉内变正压，火焰发暗；防爆门破裂；风压变化。发生自燃的原因主要是停磨时吹扫时间不够，有时积粉；磨煤机出口温度太高，尤其断煤时；粉仓严重漏风；煤粉积存过久有外来火源。

磨煤机入口自燃时，应加大给煤，压住回粉锁气器减少或切断磨煤机通风，必要时用灭火器灭火。一次风管自燃时，应断绝风源，待熄灭后再清扫。爆燃后应停运，消除火源。停磨必须按规定吹扫干净，严格控制其出口温度，不许超过规定，消除外来火源，杜绝粉仓漏风，定期检查灭火消防系统及设备。

### 2. 断煤和堵煤

(1) 发生断煤时，磨煤机出口温度升高，进、出口压差减小，进口负压增大，磨煤机电流下降，排粉机电流先上升后下降；低速磨煤机钢球撞击声增大，中速磨煤机内的撞击声减小；断煤信号动作。发生断煤可能由于给煤机故障或原煤水分过大，以致落煤管、给煤机和磨煤机入口处堵塞；原煤中有大块煤或石头卡住给煤机；原煤仓断煤或堵塞等。

适当关小磨煤机入口热风门，开大冷风门，以控制磨煤机的出口温度；迅速消除给煤机故障或疏通落煤管；如短时间不能恢复供煤，应停止磨煤机运行；加装振动器，碎煤机筛投入运转，加木块分离器，充分发挥干煤棚作用；缩短煤斗内存煤时间。

(2) 发生堵煤时，磨煤机进、出口压差增大，入口负压减小，磨煤机出口温度急剧下降，风压晃动，磨煤机内撞击声减弱而沉闷；磨煤机向外冒粉，排粉机、磨煤机电流下降，回粉管锁气器动作频繁。发生堵煤主要是调节不当，如风量过小、煤量过多等，煤太湿，给煤机中煤自流也可能造成磨煤机堵塞。

减少给煤量或停止给煤机运行，适当加大磨煤机通风量，开大排粉机入口风门进行抽粉；加强对磨煤机大瓦温度的监视；如处理无效，应停止磨煤机运行。掌握给煤机调节特性，减少入口漏风，防止煤的自流，注意风门开度实际大小，风量不要太小，监盘时应注意表计指示所传递的信息等。

# 任务 4-4　汽轮机典型事故

汽轮机常见的事故主要有：动静部分发生摩擦，叶片振动、损坏、脱落；大轴弯曲、裂纹；汽轮机进水事故；轴承事故；转子振动、超速；汽轮机真空下降；隔板强度不够；汽缸内外壁温差大、裂纹；调节系统卡涩、失灵；汽轮机辅机事故等。

## 一、汽轮机严重超速

### （一）事故现象

（1）转速升高超过超速保护动作值。
（2）机组发出异常响声、振动增大。
（3）负荷到 0。

### （二）事故原因

（1）发电机甩负荷到 0，DEH 控制系统和汽轮机调速系统工作不正常。
（2）超速装置保护失灵或保护动作后，高中压主汽门、调门、补汽门、抽汽逆止门等卡涩或关闭不严。

### （三）事故处理

（1）应立即破坏真空紧急停机，检查确认转速下降。
（2）检查高中压主汽门、调门、补汽门及各段抽汽电动门、逆止门均关闭，转速应下降，否则应立即设法关闭、切断一切可能进入汽轮机的蒸汽。
（3）确认高压缸排汽通风阀开启，高旁关闭、低旁开启。开启锅炉 PCV 阀进行泄压。
（4）倾听汽缸内部声音，分析和比较转子惰走时间。
（5）查明超速原因并消除故障，全面检查确认汽轮机正常后方可重新启动。定速后，进行超速试验，动作正常方可并网带负荷。
（6）重新启动过程中应对汽轮机振动、内部声音、轴承温度、轴向位移、推力瓦温度等进行重点检查与监视，发现异常应停止启动。

## 二、汽轮机进水

### （一）事故现象

（1）主蒸汽、再热蒸汽和抽汽温度急剧下降，过热度减小。
（2）汽缸上、下缸温差明显增大。
（3）抽汽管道温差大，振动增大。
（4）主蒸汽或再热蒸汽管道振动，轴封或汽轮机内有水击声，从进汽管法兰、轴封、汽缸结合面处冒出白色的湿蒸汽或溅出水滴。
（5）轴向位移增大，推力轴承金属温度急剧上升。
（6）机组发生强烈振动。

（7）盘车状态盘车转速下降。

（二）事故原因

（1）主蒸汽、再热蒸汽温度调节失控。
（2）主蒸汽流量瞬间突增造成蒸汽带水。
（3）除氧器、高压加热器、低压加热器满水进入汽轮机。
（4）轴封供汽系统或抽汽管道疏水不畅，积水或疏水进入汽缸。
（5）轴封温度调节失灵，使冷汽、冷水进入汽轮机轴封部位。
（6）主蒸汽、再热蒸汽减温水阀门不严或使用不当。
（7）高旁减温水门不严或误开。
（8）主蒸汽、再热蒸汽管道、汽轮机本体疏水不畅。

（三）事故处理

（1）汽轮机进冷水、冷汽的主要处理原则是：切断冷水、冷汽源，同时加强疏水。另外根据不同的进水原因，采取不同的具体措施：

1）汽轮机带负荷运行时，主蒸汽、再热蒸汽温度 10 min 内突降 50 ℃及以上，应立即破坏真空停机。

2）除氧器、加热器满水，导致汽轮机上下缸温差增大，轴向位移、推力瓦温度发生显著变化，应立即破坏真空停机。同时查明满水的加热器是否已被自动切除，否则立即关闭抽汽电动门、抽汽逆止门，水侧走旁路，并开启加热器的疏水门、抽汽管道及汽轮机本体的疏水门。

（2）按破坏真空紧急停机的有关要求停运汽轮机。

（3）停机过程中，应检查、确认汽轮机本体及有关蒸汽管道上疏水门自动开启，如未开则应手动强制开启、充分疏水。

（4）打闸停机后，应严密监视推力轴承金属温度、回油温度、轴向位移、上下缸温差、振动变化，正确记录和分析惰走时间，并在惰走时仔细倾听汽轮机内部声音。

（5）汽轮机在惰走时若无异声、摩擦声，同时惰走时间、轴向位移、推力轴承金属温度均正常，则充分疏水后可重新启动。若检查发现上述条件有任一不满足时，机组禁止再次启动，必须揭缸检查。

（6）汽轮机因进水导致故障停机后，应立即投入盘车。如果大轴已发生较严重的暂态弯曲或汽缸变形，导致动静间隙消失而转子不能盘动时，不准使用行车、通新蒸汽或压缩空气，以及其他辅助方法转动被卡住的转子。应静置转子，做好标记，隔绝汽轮机进行闷缸，并严密监视上下缸温差，待转子能手动盘车且缸内无明显的金属摩擦声后，方可按规定投入手动或自动盘车。

（7）汽轮机因进水停机，再次启动前必须符合以下条件：

1）水源已查明并切断和彻底清除。

2）转子进行充分连续盘车，时间一般不少于 4 h，如中间停止盘车，则要重新计时。

3）大轴晃度偏离大修后，首次测得的原始值小于 0.02 mm，并检查高点相位。

4）高、中压缸上下缸温差小于 30 ℃。

（8）汽轮机在盘车中发现进水，必须保持连续盘车，直到汽轮机上下缸温差小于 30 ℃并延长 6 h 的盘车时间，同时加强汽轮机内部声音、转子偏心度的监视。

## 三、汽轮机振动大

### （一）事故现象

（1）TSI 记录仪振动指示值增大。
（2）DCS 振动显示值增大，报警。
（3）机组振动明显增大。

### （二）事故原因

（1）机组负荷、参数变化引起蒸汽激振。
（2）润滑油温异常，油膜失稳。
（3）汽轮发电机组动静摩擦或大轴弯曲。
（4）发电机定子电流不平衡、转子质量不平衡或严重匝间短路。
（5）汽轮机进水或进冷气。
（6）汽轮机断叶片、引起转子质量不平衡。
（7）密封瓦局部摩擦。
（8）轴承标高变化。
（9）轴承工作不正常或轴承座松动。
（10）轴系中心不正或联轴器松动。
（11）滑销系统卡涩造成膨胀不均。
（12）润滑油中进入杂质导致轴瓦及轴颈磨损。

### （三）事故处理

（1）机组相对轴振达 0.08 mm 报警，应汇报值长，适当降低负荷，查明原因予以处理。
（2）如机组负荷、参数变化大引起振动大，应尽快稳定机组负荷、参数，同时注意汽轮机上、下缸温差变化。
（3）检查润滑油温、油压及各轴承温度正常，否则，调整润滑油温、油压至正常。
（4）就地倾听汽轮发电机组内部声音。
（5）如发电机电流不平衡引起振动，应降低机组负荷，查明发电机定子电流不平衡的原因。
（6）密封油温度偏离正常值，尽快调整至正常值，若冷却水调节门失灵，联系检修人员处理。
（7）机内氢气温度低，应查明原因及时恢复。
（8）如转子电流与无功负荷不对应，确认转子严重匝间短路，应降低无功负荷，无效时停机处理。
（9）发生下列情况之一，应紧急停机：

1）机组启动过程中，在低速暖机前，轴承振动超过 9.3 mm/s。

2）机组启动过程中，通过临界转速时，1~5 号轴承振动超过 11.8 mm/s 或 6~8 号轴承振动超过 14.7 mm/s，相对轴振超过 0.130 mm，汽轮机内有明显的金属摩擦声或撞击声，应紧急停机，严禁强行通过临界转速或降速暖机。

3）机组运行中要求轴承振动不超过 9.3 mm/s 或相对振动不超过 0.080 mm，超过时应设法消除，当相对轴振动大于 0.130 mm 应紧急停机。当任一轴振突然增加 0.05 mm 且相邻轴振也明显增大，应紧急停机。

## 四、汽轮机大轴弯曲

### （一）事故现象

（1）汽轮机转子偏心度超限，连续盘车 4 h 不能恢复正常。

（2）汽轮发电机组过临界转速时振动显著增大。

### （二）事故原因

（1）汽轮机发生振动或动静部件发生碰磨。

（2）汽缸进水或冷汽，造成高温转子急剧冷却并产生径向温差而发生大轴弯曲。

（3）上、下缸温差过大造成转子热弯曲。

（4）盘车使用不当，在机组启动前或停机后，汽缸温度仍较高，未能进行连续盘车。

### （三）事故处理

（1）在冲转前若转子偏心超限，应延长盘车时间，直至偏心合格为止。

（2）汽轮发电机组启动或正常运行期间，发生振动异常应严格按“汽轮机振动大”事故处理原则进行处理。

（3）汽轮机发生进水事故，则严格按“汽轮机进水”事故处理原则进行处理。

（4）停机后因盘车装置或顶轴油系统故障，无法连续投入盘车运行时，应做好转子偏心度的监视，发现偏心度较大后，应定时手动盘车 180°，并在盘车恢复正常后及时投入连续盘车。

（5）若盘车和暖机一段时间后，转子的晃度或振动减小，说明转子出现热弯曲，继续盘车或暖机进行直轴。

（6）若连续盘车或暖机无效，则说明转子产生永久弯曲，应停机检查和进行机械直轴。

## 五、轴向位移大

### （一）事故现象

（1）TSI 指示轴向位移增大。

（2）操作界面轴向位移显示增大，报警。

（3）推力轴承温度升高，回油温度升高。

（二）事故原因

（1）负荷或蒸汽流量变化。
（2）汽轮机通流部分严重结垢。
（3）叶片断落。
（4）主蒸汽、再热蒸汽温度下降。
（5）汽轮机水冲击。
（6）凝汽器真空下降。
（7）发电机转子窜动。
（8）推力轴承瓦块乌金磨损。
（9）加热器停运。

（三）事故处理

（1）当轴向位移增大时，应检查负荷、蒸汽参数、凝汽器真空，密切监视推力轴承金属温度变化，进行负荷调整，通知热工人员校验表计，并倾听机组有无异声，各轴承振动是否增大。

（2）当轴向位移增大至±0.8 mm，除进行上述检查外，汇报值长，立即减负荷，使轴向位移值恢复至正常。

（3）当轴向位移增大，机组转动部分出现金属撞击声或伴有强烈振动，应紧急停机。

（4）由于阀门误关造成轴向位移增大，应立即采取措施进行调整，并密切监视轴向位移、推力瓦温度、推力瓦回油等参数变化。

（5）当轴向位移增大至±1.0 mm 而保护不动作，应立即破坏真空紧急停机。

## 六、运行中叶片损坏或断落

（一）事故现象

（1）机组振动明显增大。
（2）汽轮机内部有金属撞击声或盘车时有摩擦声。
（3）凝结水硬度增加。
（4）轴向位移变化异常。
（5）监视段压力升高。

（二）事故原因

（1）汽轮机进水。
（2）主蒸汽、再热蒸汽温度急剧下降。
（3）叶片频率不合格或制造质量不良。
（4）叶片腐蚀。
（5）汽轮机超速或叶片疲劳。

（三）事故处理

（1）发现以下情况，应破坏真空紧急停机：

1）汽轮机内部有明显的金属撞击声和摩擦声。

2）汽轮机通流部分发出异声，同时机组发生强烈振动。

3）机组振动明显增大，并且凝结水导电度、硬度急剧增大，无法维持正常运行。

（2）发现以下情况，应汇报值长及专业主管，进行分析后处理：

1）补汽阀入口处或抽汽压力异常变化，在相同工况下汽轮机负荷下降，轴向位移和推力轴承金属温度有明显变化，并伴有机组振动明显增大，汇报值长，减负荷或停机。

2）运行中发现凝结水导电度、硬度突然增加，应检查机组振动、负荷、凝汽器水位，同时汇报值长，通知化学人员化验凝结水水质。

3）已确认凝汽器管子被叶片打断或破裂，应根据凝结水硬度大小减负荷，对两组凝汽器轮流隔绝查漏。如凝汽器水位异常升高、凝汽器真空下降较快，汇报值长，停机处理。

## 七、凝汽器真空值降低

（一）事故现象

（1）DCS 真空指示值下降。

（2）排汽温度升高。

（3）备用真空泵联启。

（二）事故原因

（1）凝汽器冷却水量不足或中断。

（2）真空系统泄漏或水环真空泵工作异常。

（3）轴封系统工作失常。

（4）凝汽器水位高。

（5）凝汽器钛管脏污或结垢。

（三）事故处理

（1）发现真空值下降，首先应对照低压缸排汽温度进行确认，并查找原因进行相应处理。

（2）当凝汽器内绝对压力升高至 13 kPa 时，低真空报警，确认备用真空泵自启，提高凝汽器真空，如继续降低，应按真空每下降 1 kPa，减负荷 100 MW。

（3）当凝汽器内绝对压力升至 30 kPa，汽轮机跳闸。

（4）凝汽器真空值下降时，应根据低压缸排汽温度升高情况，开启低压缸喷水电磁阀，机组带负荷运行中控制排汽温度不超过 60 ℃（空负荷排汽温度 110 ℃）。

（5）因真空值低紧急停机时，应立即切除高、低压旁路，关闭所有进入凝汽器的疏水门。

（6）循环水出、入凝汽器的温差增大，检查循环水系统运行情况，必要时应启动备用循环水泵或视运行方式开启至邻机循环水联络门。如循环水全部中断，应立即打闸停机，并关闭凝汽器循环水进出水门，待凝汽器排汽温度下降到 50 ℃左右时，再向凝汽器通循环水。

（7）因轴封漏空气引起的真空值下降，应调整轴封汽母管压力至正常值。

（8）因凝汽器满水引起的真空值下降，则按“凝汽器满水”规定处理。

（9）检查真空泵入口电磁阀应开启，分离器水位应正常，若因真空泵运行不正常影响真空，则应启动备用真空泵运行，停运故障泵，并关闭入口电磁阀。

（10）因凝汽器真空系统漏空气引起的真空值下降，应对真空系统的设备进行查漏和堵漏。

## 八、汽轮发电机组轴承损坏

### （一）事故现象

（1）汽轮机轴承金属温度快速上升超过 130 ℃（发电机轴承金属温度为 105 ℃）或轴承冒烟。

（2）回油温度升高，回油中发现乌金碎末。

（3）汽轮发电机组振动异常。

### （二）事故原因

（1）轴承断油。

（2）润滑油压力偏低、油温过高或油质不合格。

（3）轴承过载或推力轴承超负荷，盘车时顶轴油压低或大轴未顶起。

（4）汽轮机进水或发生水击。

### （三）事故处理

（1）运行中发现轴承金属温度异常，应加强主机润滑油系统的检查和机组负荷、各监视段压力、油温、油压、振动、缸温等参数的监视，发现问题尽快消除。

（2）若确认轴承已损坏，应立即破坏真空紧急停机。

（3）因轴承损坏停机后盘车不能投入运行时，不应强行盘车，而应采取可靠的隔离措施，防止汽缸进水或冷汽。

（4）轴承损坏后应彻底清理油系统，确保油质合格方可重新启动。

## 九、汽轮机主要辅机事故

汽轮机辅助设备包括汽轮机的各种泵、加热器等，这些辅助设备与其他主辅设备共同组成连续的生产流程，本节原则性叙述给水泵和除氧器的故障处理。

### （一）给水泵故障

给水泵是保证锅炉供水的核心设备，对其发生的故障必须判断正确、处理迅速，以保证锅炉不间断供水。由于各电厂的设备和系统不同，给水泵事故处理方法也会有差别，只能原则性介绍几种常见的故障。对具有特殊系统和设备的电厂，应根据实际情况制订出切合实际的事故处理规则。

1. 给水泵入口发生严重汽化现象

（1）汽化的象征。给水泵入口压力、出口压力急剧摆动，给水泵入口处产生剧烈的沙沙声，水泵电流亦随着压力摆动。

（2）发生汽化的可能原因。给水泵超负荷运行，使给水泵入口管内的水流速过大、压力降低而引起汽化；除氧器内压力突然降低；给水泵入口过滤网被杂物堵塞，给水泵入口处压力降低而引起汽化；给水泵入口管路内侵入空气。

（3）处理方法。若断定给水泵入口发生严重汽化时，应进行如下处理：

1）启动备用给水泵，降低运行给水泵的流量；若无备用给水泵时，应立即联系司机、司炉适当减小机组负荷，以消除给水泵入口汽化。

2）分析、寻找给水泵入口产生汽化的原因，采取相应措施及时消除。

3）给水泵入口管路内侵入空气时，应及时停止运行，设法排除泵内空气。当启动备用给水泵或降低机组负荷后给水泵的入口汽化现象仍不消失时，则汽化的原因可能是给水泵入口侵入空气，这种情况一般是由给水泵入口管路系统切换、管内空气排出不合理而引起的。

4）若给水泵入口过滤网被堵而引起汽化，则应在给水泵容量能满足需要的情况下，停止给水泵，清扫入口过滤网。在正常情况下，给水泵入口过滤网应有计划地定期清扫。

2. 给水母管压力异常降低故障

（1）给水母管压力下降的原因。汽轮机负荷突然增高，引起锅炉用水量猛然增大；锅炉给水调节器在运行中调节失灵；给水加热器、锅炉省煤器、过热器或水冷壁管大量漏水；电力系统供电频率降低；给水管路大量泄漏。

（2）处理方法。

1）发现给水流量增大，给水母管压力降低时，应根据给水母管最低压力要求，启动备用给水泵；若无备用给水泵时，应通知司机降低机组负荷。母管制给水系统应降低全厂总负荷。

2）若发现由于锅炉给水管漏水造成给水母管压力降低时，除提高给水母管压力外，还应增大除氧器软化水的补水量，防止引起除氧器水位下降。

3）若给水母管压力降低而给水流量与电流反而偏低，厂内照明发暗，则说明由于供电频率下降引起给水母管压力降低。在这种情况下采用启动给水泵的方法是不能提高给水压力的。应通知司机、司炉，要求降低主蒸汽压力运行，以保证锅炉正常供水。

4）由于给水母管压力降低，使给水泵联动后的操作：投入联动泵的电源开关，消除给水母管压力降低的灯光和音响信号；根据给水泵的流量，对联动泵的再循环门进行调整或关闭；查找给水泵被联动的原因；若由于机组负荷摆动过大或锅炉给水调节器调整不当而引起联动，则应根据机组负荷和给水母管压力选择运行方式。其具体操作应根据运行规程中的规定执行。

5）备有汽动给水泵的电厂，在厂用电源中断和给水压力不足而又无备用给水泵的情况下，应及时投入汽动给水泵。

### （二）除氧器故障

除氧器在运行中发生故障，会直接影响到锅炉的供水水量和供水水质，必须及时采取正确的处理措施，保证电厂持续稳定安全运行。

1. 除氧水中溶解氧不合格

（1）原因。凝结水含氧量过高；化学软化补充水温过低；除氧水量过大，超过除氧器的设计值；除氧塔的排气阀开度过小；加热蒸汽压力不足；除氧塔内部损坏，如筛盘倾斜、筛孔堵塞、喷嘴损坏等；加热蒸汽压力调整器调整不稳；化验取样器内部泄漏，化验不准确等。

（2）处理方法。针对上述引起除氧水溶解氧量增高的原因，采用试验的手段逐个排除，最后针对确定的原因制定出解决措施。

常见的引起溶解氧量增高的原因，大多是化学软化补充水温度低，除氧水箱内给水产生过冷，除氧塔排气阀开度过小，加热压力不足等。

为了消除化学软化补充水温度低，一般电厂都利用锅炉连续排污水、除氧塔的排气对化学软化水进行加热，使其温度达到 70~80 ℃为适宜。

2. 除氧器振动

（1）原因。除氧器进水量过大或化学补充水温度过低；新投入运行的除氧器，与运行除氧器并列后给水温度低于运行除氧器内给水温度 15 ℃以上；除氧器下水母管检修完后，在投入使用时往除氧器内排空气量过大、过急；除氧器水箱内水位过高，与加热蒸汽进汽管处的蒸汽直接接触而发生水击，或水倒流抽汽管流进管内而发生水击。

（2）处理方法。除氧器发生振动，有时较轻微，而有时很剧烈。若发生剧烈振动，则必须迅速采取果断措施，防止事故扩大。

1）若根据振动的象征判断是由于除氧水量过大引起的振动，则应将除氧水与其他除氧器均衡调整。

2）若因化学软化补充水量过大或温度过低而引起的振动，除采取往其他除氧器内进行均衡调整外，还可将部分化学软化补充水补入凝汽器内进行加热，或采取其他加热措施。

3）若是因为除氧水箱内水位过高引起的振动，则应立即采取对除氧水箱的排水措施。

4）若是由于除氧器加热汽管因水击而引起除氧器振动时，则可暂时停止抽汽，待水击消除后重新启用抽汽。

5）对除氧器下水母管检修后的投入，一定要缓慢操作，使管内空气通过除氧器逐渐排出。绝不可求快而操作过急。

6）新投入运行除氧器的水温与运行中除氧器的水温差，一定不得超过规定的 15 ℃。由于新投入运行除氧器并列而引起振动，应立即停止并列操作，待水温符合标准后才允许并列。

3. 除氧器水位下降过快

（1）原因。锅炉水管或给水管路泄漏；锅炉排污水量过大；化学软化补充水量不足；锅炉安全阀或除氧器溢流筒动作跑水；由于运行人员误操作引起跑水。

（2）处理方法。

1）若由于锅炉内部水管爆破或安全阀动作引起除氧器水位下降过快，则应当立即停止锅炉排污和非生产用汽，增大除氧器的化学软化水补充量。在采取上述措施后情况仍不好转而又威胁到锅炉的安全时，在征得有关领导同意的情况下，可设法往凝结水系统中补充工业水，以保证锅炉在事故状态下的用水。

2）除氧器溢流筒动作，多数是由于除氧器内加热压力升高所引起的。在恢复正常状态时，首先必须把除氧器内压力降低后才可重新灌水，然后再将除氧器内压力恢复到正常值。

3）若除氧器水位下降发生在给水系统切换之后，则可能是由于系统切换错误造成的，必须及时对切换过的系统进行全面复查。

4. 除氧器水位上升过快

（1）原因。化学软化水补充量过大；凝汽器冷却水管破裂；工业水窜入凝汽器系统中。

（2）处理方法。发现除氧器水位异常升高时，应从化学软化补充水、供汽系统的运行状况进行分析，若软化补充水量已限制至最低，应联系化验人员对除氧器水质进行分析，寻找水位升高的原因。在必要的情况下，可将化学软化补充水全部停止，或采用往疏水箱排水的方法降低除氧器内水位。

5. 除氧器加热压力不稳

（1）原因。机组负荷不稳；除氧器化学软化水补充量不稳；并列运行除氧器的其中一台压力自动调整器失灵或加热蒸汽阀损坏。

（2）处理方法。联系汽轮机司机和化学软化水处理人员，要保持机组负荷和软化水补充量的稳定。通过观察分析，确定故障是由于压力调整器失灵引起的，应将失灵的压力调整器改为手动调整，并请热工专业的人员进行处理。若故障是由于蒸汽调整阀失灵引起的，应请汽轮机检修人员进行处理。

# 任务 4-5 电气方面的事故处理

## 一、发电机-变压器组主要事故及处理

### （一）励磁系统故障引起发电机振荡或失步

除系统故障外，由于大型发电机的功率因数高，励磁系统故障或欠励磁运行均可能造成发电机振荡或失步。这时可降低发电机有功负荷，增加励磁。

（1）如果由于发电机失磁造成发电机失步，对系统运行有较大影响，因此规定未经试验不准发电机无励磁运行。发电机失磁时应立即将发电机手动解列，或经一定时间失磁保护动作，将发电机解列。

（2）对于经过试验，准许无励磁运行的机组，在发电机失磁时，要立即把负荷减至40%额定负荷左右，将自动调节励磁退出，在规定时间内恢复励磁，超过规定时间不能恢复时，则应将发电机解列。发电机减至 40%额定负荷要有两个条件，即定子电流不超过规定值，转子各部分温度不超过允许值。

### （二）发电机定子接地

只要证实确系发电机定子接地，应立即解列，断开励磁。证实接地所用时间愈短愈好，最多不超过 30 min。

### （三）转子一点接地

发生转子一点接地故障时，应申请尽快安排停机处理。虽然一点接地构不成回路，可以继续运行，但有可能发展成两点接地故障。两点接地时部分线匝被短路，转子电流增大，发热烧毁。

### （四）冷却系统故障

（1）当水内冷发电机定子泄漏冷却水不严重时，若将水压降低其漏水消失，可监视运行，申请停机处理；若降低水压仍然漏水，则应减负荷停机，当定子、转子漏水，并伴随定子、转子绕组接地（检漏仪也发出信号）时，应立即停机。另外，水内冷发电机断水时间超过允许值，也应停机。

（2）氢内冷发电机氢压达不到额定值时，应降低机组负荷；如不能维持最低运行氢压，应停机处理。

（3）大型强油导向循环冷却变压器，停止冷却系统（风扇、水泵、潜油泵全停）允许运行时间，在额定负荷时一般为 20 min。为保证正常运行，大型变压器强油循环冷却系统必须有两路可靠电源，互为备用，且自动联锁。

### （五）发电机-变压器组内部短路

发电机-变压器组内部发生短路故障时，将伴随有冲击系统，表计摆动，机组运转噪声突变，有短路弧光，发电机-变压器组主开关、灭磁开关和厂用电分支开关掉闸，备用

电源自投，汽轮机甩负荷等现象。

如果发电机-变压器组内部发生短路，继电保护拒绝动作，发电机-变压器组的主开关不能自动掉闸，灭磁开关不能自动跳开灭磁，故障将会扩大。此时必须手动断开主开关、灭磁开关及厂用电分支开关。当备用电源自投未动作时，手动强制送厂用电、锅炉和汽轮机按紧急甩负荷的各项步骤进行处理。

## 二、电力系统事故及处理

电力系统事故包括短路、突然甩负荷、联络线掉闸、系统稳定性破坏而产生的振荡或解网等。

### （一）机组频率异常

电力系统频率降低不多，一般对机组本身影响不大。但一些重要的辅机（如给水泵、风机等）因频率降低，转速下降而影响出力，从而限制机组的出力。系统频率下降幅度较大（46 Hz 以下）时，高压以上机组调节汽门因油压降低而自动关闭，致使系统出力更为短缺，引起系统频率进一步下降，形成恶性循环，导致整个系统瓦解。发生这一类事故时，应使系统中的机组尽可能增加有功负荷，弥补系统出力不足。

当电力系统瓦解或突然甩负荷，使系统频率升高，应迅速降低机组有功出力，避免系统失稳或机组超速。

### （二）机组电压异常

当电力系统突然甩负荷时，会使发电机电压升高，端电压升高是由两方面原因造成的：一是汽轮发电机组转速升高，使电压升高（电势与转速成正比）；二是甩负荷时，定子的电枢反应磁通与漏磁通消失，使此时的端电压等于全部励磁电流产生的磁场所感应的电势。现代汽轮发电机组，一般都装设电压自动调整装置，电压升高值并不大；有些机组虽无电压调整器，但电压升高值一般也不超过额定电压的 50%～60%，这个数值是汽轮发电机组能够承受的。

但是发电机端电压升高，将使变压器和发电机的磁通密度增加，导致铁芯损耗加大，温度升高；由于端电压升高，设备绝缘受到威胁，甚至破坏。此时要进行发电机减磁，在励磁调节器自动调节投入运行时，可实现自动减磁；在手动调节励磁运行时，要迅速减磁，降低无功。

一般运行尽可能保持励磁调整装置可自动投入状态，当自动调节部分因故不能投入时，应切换到备用励磁运行。主励在手动状态运行只能作为一种操作过渡状态，因在这种运行方式下没有强励。如果此时电力系统发生事故，则应手动迅速增大励磁，减少有功，防止出现失步。在事故处理过程中，为保持系统稳定，应尽可能让发电机多带无功，保持端电压在较高的水平上，必要时可降低有功出力，使发电机电流不致长期过载。

### （三）系统短路

系统短路会产生较大电流，将对单元机组产生有害的巨大电动力，并引起发热。

(1) 定子线圈端部受到很大的电磁力作用，这些力包括：定子线圈端部与转子线圈端部相互间的作用力，定子线圈端部与铁芯之间的作用力。合力使定子线圈的端部向外弯曲，呈喇叭口状向外张开，受力最严重的地方是线棒直线段和渐开线的交界处，作用在整个端部面积上的力最大可达几十吨（1 t≈10 kN）。除上述的力外，同一相带线圈间产生相互吸力也相当大，易引起端部切向位移。强大的作用力有可能使线棒外层绝缘破坏。

(2) 转子轴承受到很大电磁力矩的作用。力矩可分为两种：一种是短路电流使定子、转子绕组产生电阻损耗的有功电流分量所造成的阻力矩，它与转子的转向相反；另一种是突然短路过渡过程中才出现的冲击交变力矩，这种力矩比前一种大。两种力矩都作用在发电机的转轴、机座和地脚螺栓上。

(3) 引起定子线圈和转子线圈发热。发热量与短路电流的平方和流过时间成正比，由于短路电流衰减较快，大电流作用时间短，再加上大型发电机定子采用内冷，冷却效果较好，只要及时切除短路电流，机组发热是可承受的。但必须注意到，当系统不对称短路时（两相、单相短路或两相接地短路），将有负序电流出现，在转子上将产生双倍频感应电流，有可能使转子局部过热而造成损坏。

(4) 系统短路还会使变压器绕组受到两个方向的作用力：一个是轴向作用力，将各绕组本身上下两端压紧，其压力可达几百吨；另一个是径向作用力，即高低压绕组间的作用力，使低压绕组受向内压缩力、高压绕组受向外拉伸张力，其力也可达几百吨。可能造成线圈绷断、变形或严重位移。

为防止系统短路对单元机组的损坏，机组应设置相应的保护作为系统的后备保护，以保证系统发生故障时，能及时可靠地解列机组。如系统发生短路而保护装置均拒动时，应手动将机组与系统解列。

系统故障引起发电机解列时，发电机因甩负荷使电压迅速升高，此时需自动或手动恢复发电机电压至正常值，汽轮机与锅炉也应按甩负荷作相应的动作。此时，可使机组转入仅带厂用电的运行方式；若汽轮机调节系统失灵，则可能会使转速上升，引起危急保安器动作停机；若转速超过危急保安器动作值时，危急保安器拒动，则将引起机组严重超速，此时应手打危急保安器，破坏真空紧急停机。

当自动主汽门卡涩时，应强行关闭，并立即关闭电动主汽阀，破坏真空紧急停机，待缺陷消除后才允许机组重新启动。危急保安器未动者，在机组重新启动前，必须做危急保安器超速试验。

发电机甩负荷时，锅炉应切除部分燃烧器，适当减少风量，必要时投入油枪以稳定燃烧，并将全部自动切换为手动，保持汽压、汽温、水位，开启过热器疏水和旁路系统，做好重新带负荷运行的准备。对具有 FCB 功能的机组，发电机甩负荷时（电网故障），则可切换为带厂用电运行。电网事故消除后，应按电力调度所的命令，将单元机组重新并入电网，带负荷运行。

### 三、厂用电源中断事故

厂用电源是指供给发电设备的动力电源、操作电源、照明电源以及热控、保护、计算机和仪表等用的交、直流电源。一般发电厂的厂用电源有交流 6 kV、380 V 和直流 220 V、48 V 等电压等级。

厂用电源一般在同一电压等级中采用母线分段布置的形式。同一段母线一般又都有两路电源可向其供电。正常运行时由其中一个电源向母线供电，另一个电源合闸投入作为备用。同一种辅机的电源，一般分别接自不同的厂用电母线，所以厂用电源发生故障时，对锅炉造成的影响就有局部厂用电源故障失电和全部厂用电源故障失电两种情况。

厂用电源故障失电，一般是由于电力系统故障、发电机故障、厂用变压器故障、人员误操作或保护动作时备用电源自投不成功所造成的。此外，厂用母线故障，如发生短路、接地等异常情况也将造成厂用电源故障失电。

发生厂用电源故障失电时，失电母线上的电压指示到 0，该母线上所有设备的电源都失去，电动门指示灯熄灭，各电动机电流均到 0；有低电压保护的辅机合闸开关释放、运行指示灯熄灭、停用指示灯闪光并报警；无低电压保护的辅机（如空气预热器、吸风机等）虽也停转且电流到 0，但运行指示灯仍亮。失电母线上的各备用辅机或备用厂变，也由于电源失去而失去备用作用。当 6 kV 母线失电时，母线上的低压厂用变压器将同时失电，如备用电源自投不成功时，将造成该 380 V 低压厂用母线也失电。当部分 6 kV 厂用电源发生故障失电时将出现机组负荷、锅炉流量、压力、汽包水位等参数的急剧下降，锅炉燃烧不稳，严重时可能导致锅炉熄火。当厂用电源全部失去时，锅炉灭火，机组负荷到 0，热控、保护、计算机及仪表等也有可能同时失电。

发生部分 6 kV 厂用母线失电时，若锅炉尚未灭火，应迅速投入助燃油枪以稳定燃烧，计算机控制系统的 RB 功能将快速减负荷至 50%，并通过自动调节维持锅炉各参数正常。若锅炉已灭火，则严禁向炉膛继续供给燃料，并即按锅炉灭火紧急停炉的规定进行处理。

当发生部分 380 V 低压厂用母线失电时，应立即启动失电辅机的备用设备，复置失电辅机的开关，迅速调整锅炉各参数正常，尽量保持锅炉运行工况稳定，并联系电气人员迅速恢复电源。

### （一）6 kV 厂用电中断

电网故障、厂用变压器或线路故障、备用电源未投入、保护误动作或电气误操作等，均会造成厂用电中断。

当一段厂用电中断时，该段 6 kV 电动机停转，电流到 0；辅机跳闸信号报警；RB 工况发生，BMS 自动进行燃烧选择切断；汽压、汽温、蒸汽流量、机组负荷剧降；锅炉燃烧不稳或灭火。当二段同时失去时，交流照明灯熄，事故照明灯亮，机组声音突变；所有运行辅机突然停转，电流到 0，备用辅机不联动，辅机出口压力、流量突然下降；锅炉 MFT 动作；机组负荷下降到 0；蒸汽流量、汽压、汽温、真空迅速下降；汽包、凝汽器、除氧器、加热器水位升高。

一段 6 kV 电源失去，锅炉未灭火时，机组迅速降低负荷至 50%左右；保持单侧风机运行；复位跳闸电机开关，关闭掉闸风机动叶和出口挡板，关闭空气预热器进口烟气挡板；调整风量及燃料量，维持各参数正常，并注意调整两侧烟温；注意监视和调整主蒸汽温度、再热蒸汽温度，再热蒸汽温两侧偏差不能超过规定值；要求电气人员尽快恢复电源，电源恢复后，逐渐重新启动掉闸的转动机械，视情况逐渐恢复机组正常运行。

二段 6 kV 电源失去，锅炉 MFT 动作，否则手动紧急停炉；厂用电全部失去后，汽轮机按不破坏真空故障停机处理；立即启动汽轮机直流润滑油泵、空侧直流密封油泵和小汽轮机直流事故油泵，注意保持润滑油压、密封油压正常；将各失电辅机联动开关放在停用位置；禁止向凝汽器排汽和疏水，关闭旁路系统；就地调整高压汽源供轴封用汽。

（二）380 V 电源中断

当 380 V 电源中断时，380 V 电动机停止转动，电流到 0，声光报警；与中断电源有关的热工、电气仪表指示异常，其电动门、调节门不能操作；锅炉可能灭火。

一段 380 V 电源中断而未造成灭火时，复位跳闸辅机开关；锅炉运行方式切换为手动，机炉协调控制自动退出；调整运行各参数正常，尽量保持稳定；迅速查明原因；尽快恢复电源；因失电遥控不能操作的设备，进行就地操作。

二段 380 V 电源中断引起锅炉灭火，按锅炉灭火处理。

（三）发电厂直流系统事故处理

发电厂的直流系统是发电厂操作、控制及保护装置、事故备用动力、通信设备、记录仪、测量表计和信号显示系统的工作电源，是厂用电系统的最重要组成部分。

直流系统对发电机组的安全运行有着至关重要的作用，应保证在任何情况下都能可靠地向负荷供电。随着发电机单机容量的增大，直流系统的负荷也不断增加，使直流系统变得日趋庞大、复杂，对其供电质量的要求也越来越高。

由于直流系统在发电厂中所处地位的重要性，无论发电厂发生何种事故，都要求其能够向用电设备可靠地供电，所以，在直流系统发生事故时，值班人员应尽快处理、及时恢复。

（1）220 V 直流电源中断。220 V 直流电源在大容量发电机组中普遍应用于控制与保护系统以及电磁阀和信号回路，一旦 220 V 直流电源中断将使所有利用 220 V 直流控制的设备拒动，保护系统因电源消失退出运行，电磁阀释放，电磁安全门动作，锅炉灭火。在停机过程中，如果汽轮机抽汽止回阀因失电无法关闭，将引起汽轮机进水等恶性事故的发生。

220 V 直流系统事故处理的原则是：

1）若 220 V 直流电源消失将引起发电机组停运。此时，由于发电机组发电机—变压器组单元保护电源消失引起保护退出运行，不能将发电机组与系统解列，运行人员应通知网控将发电机与电力系统解列。

2）根据事故现象及保护光字牌信号，判断故障性质，尽快隔离故障点，恢复 220 V 直流系统送电。

3）如属 220 V 直流母线段故障，则在母线分段运行的情况下，尽快恢复非故障母线段的运行，尽可能恢复保护自动装置的一路供电。

4）对于重要的电磁阀等可采用人工手动操作的方法操作，以保证机组设备不受损坏。

5）事故处理要判断准确，分析清楚，防止事故扩大化。

（2）48 V 直流电源中断。48 V 直流电源在大型发电机组中用于炉、机、电的程序控制系统中，有部分电厂的炉、机保护也用此电源作为工作电源。因此，一旦直流系统48 V 电源中断，将要使整个发电机组的主、辅设备控制失灵，炉、机保护可能全部退出运行，为此在发生 48 V 直流电源中断时，运行人员应当立即采取措施，尽快恢复 48 V 电源供电。

# 参 考 文 献

[1] 牛亚尊，吴晓娜．单元机组集控运行［M］. 北京：北京理工大学出版社，2014.
[2] 周强泰．锅炉原理［M］. 3 版. 北京：中国电力出版社，2013.
[3] 姚文达，姜凡．火电厂锅炉运行及事故处理［M］. 北京：中国电力出版社，2007.
[4] 王勇．汽轮机设备及运行维护［M］. 北京：机械工业出版社，2012.
[5] 宗士杰，黄梅．发电厂电气设备及运行［M］. 北京：中国电力出版社，2014.
[6] 大唐国际发电股份有限公司. GB 26164. 1—2010 电业安全工作规程　第 1 部分：热力和机械［S］. 北京：中国标准出版社，2012.
[7] 国家电网公司，等. GB 26860—2011 电业安全工作规程　发电厂和变电站电气部分［S］. 北京：中国标准出版社，2012.
[8]《火电厂生产岗位技术问答》编委会. 火电厂生产岗位技术问答　集控运行［M］. 北京：中国电力出版社，2011.
[9] 马培峰．600MW 超临界机组仿真培训教程［M］. 江苏：中国矿业大学出版社，2019.